Stanley Coren

Können Hunde träumen?

Englische Originalausgabe erschienen 2012 bei W. W. Norton & Company Inc., New York unter dem Titel »Do Dogs Dream? Nearly Everything Your Dog Wants You to Know«

KYNOS VERLAG Dr. Dieter Fleig GmbH, Nerdlen
www.kynos-verlag.de

Übersetzt ins Deutsche von Gisela Rau

Titelfoto: Danielle Schartz
Alle Fotos in diesem Buch zeigen Tierheimhunde aus dem Tierheim Gasperich in Luxemburg, http://www.deierenasyl.lu. © Danielle Schartz.

Gedruckt in Lettland

ISBN 978-3-95464-004-1

Inhaltsverzeichnis

Vorwort

Es gibt so vieles, das die meisten von uns ihre Hunde gerne einmal zu ihrem Verhalten, zu ihren Ursprüngen und zu ihrer wahren Natur fragen würden. Leider neigen Hunde aber dazu, ihre Geheimnisse für sich zu behalten und nie direkt auf unsere Fragen zu antworten.

Als Psychologe und Verhaltensforscher habe ich das Verhalten von Hunden fast ein halbes Jahrhundert lang studiert und erforscht. Ich habe ein Dutzend Bücher über Hunde und mehrere hundert Artikel geschrieben und hatte eine eigene Fernsehsendung namens *Good Dog!*, die über zehn Jahre lang in ganz Kanada ausgestrahlt wurde. Weil bekannt ist, dass ich mich so ausführlich mit Hunden befasst habe, bekomme ich immer wieder Fragen zu besonderen Merkwürdigkeiten im Hundeverhalten gestellt. Die Besitzer möchten gerne Erklärungen für einige der seltsamen Dinge, die ihre Hunde so zu tun pflegen. Außerdem möchten sie Wesen, Persönlichkeit und Gefühlswelt ihrer Vierbeiner besser verstehen und erfahren, welche Art von intellektueller Aktivität wohl so im Inneren der pelzigen Köpfe stattfinden mag.

Dabei tauchen immer wieder die gleichen Fragen auf, so, als ob sie die Quintessenz dessen wären, was wir gerne über unsere Hunde wissen würden. Vielleicht spiegeln sie auch wider, was die Hunde sich wünschen würden, das wir über sie wissen sollten, wenn wir eine vertrauliche Unterhaltung mit ihnen führen würden. Dieses Buch versucht, die meisten dieser Fragen zu beantworten und stellt Ihnen dabei auch einige interessante Forschungsergebnisse zu Hunden vor, die aus irgendeinem Grund bisher nicht ins Allgemeinwissen gelangt sind.

Über den Autor

Stanley Coren ist emeritierter Professor für Psychologie der Universität von British Columbia, Kanada. Seine Bücher *Die Intelligenz der Hunde* oder *Die Geheimnisse der Hundesprache* waren auch auf dem deutschen Markt sehr erfolgreich.

Von der »Dog Writer's Association of America« wurde er für seine Hundebücher mit der begehrten Maxwell Medal of Excellence ausgezeichnet.

Mit seiner Frau und seinen drei Hunden lebt er in Vancouver.

Wie nehmen Hunde die Welt wahr?

Können Hunde Farben sehen?

Die einfache Variante der Antwort auf diese Frage – nämlich dass Hunde farbenblind sind – wird von vielen Menschen fälschlicherweise so interpretiert, dass Hunde keine Farben, sondern nur Graustufen sehen könnten. Diese Annahme ist falsch. Hunde sehen sehr wohl Farben, allerdings nehmen sie diese weder so intensiv noch so variantenreich wahr, wie wir Menschen das tun.

Sowohl Menschen- als auch Hundeaugen enthalten spezielle lichtempfindliche Zellen, die sogenannten »Zapfen«, die auf Farben reagieren. Hunde haben weniger Zapfen als Menschen, weshalb wir annehmen können, dass ihr Farbensehen nicht so intensiv wie das unsere ist. Der Trick beim Farbensehen besteht aber nicht nur darin, Zapfen zu besitzen, sondern darin, verschiedene Arten von Zapfen zu besitzen, die jeweils auf bestimmte Wellenlängen von Licht eingestellt sind. Menschen haben drei verschiedene Arten von Zapfen, deren kombinierte Aktivität es uns ermöglicht, das ganze Farbenspektrum zu sehen, das für menschliches Sehen typisch ist.

Die häufigsten Arten der Farbenblindheit beim Menschen entstehen dadurch, dass eine der drei Zapfenarten fehlt. Ein Mensch mit nur zwei Arten von Zapfen kann immer noch einige Farben sehen, aber viel weniger als jemand mit normalem Farbensehen. Das entspricht genau der Situation bei Hunden, die auch nur zwei Arten von Zapfen im Auge besitzen.

Jay Neitz hat an der Universität von Kalifornien in Santa Barbara Versuche zum Farbensehen von Hunden gemacht. In vielen Versuchsreihen wurden den Hunden hintereinander drei Farbtafeln gezeigt – zwei gleichfarbige und eine dritte, andersfarbige. Aufgabe der Hunde war es, die andersfarbige Tafel mit Nase oder Pfote zu berühren. Für jede richtige Lösung warf der Computer eine Futterbelohnung in eine unterhalb der Farbtafel angebrachte Schüssel aus.

Neitz bestätigte, dass Hunde Farben sehen können, aber viel weniger, als normale Menschen es tun. Hunde würden in einem Regenbogen nicht violett, blau, blaugrün, grün, gelb, orange und rot sehen, sondern dunkelblau, hellblau, grau, hellgelb, dunkelgelb (in Richtung braun) und dunkelgrau. Anders gesagt: Sie nehmen die Farben der Welt vor allem als gelb, blau und grau wahr. Grün, gelb und orange sehen sie als gelblich, violett und blau als blau. Blaugrün erscheint für sie grau.

Etwas belustigend oder merkwürdig ist dabei die Tatsache, dass die beliebteste Farbe für Hundespielsachen rot oder leuchtend orange ist (wie für Warnwesten oder Baustellenkegel). Dabei ist Rot für Hunde schlecht erkennbar. Es sieht für sie sehr dunkel graubraun oder vielleicht sogar schwarz aus. Das heißt, dass das für Sie so gut sichtbare leuchtend rote Spielzeug für Ihren Hund sehr schlecht zu erkennen sein kann. Wenn Ihre Heimversion von Lassie also beim nächsten Mal an dem Ball vorbeirennt, den Sie ihr gerade geworfen haben, dann ist das Problem also nicht ein dummer oder sturer Hund, sondern die Farbe, die für sie schwierig von dem Grün der Wiese zu unterscheiden ist.

Wie gut können Hunde sehen?

Sehschärfe ist ein Maß dafür, wie klein ein sichtbares Detail noch sein kann, sodass eine Person es noch identifizieren kann. Die übliche Methode zum Testen des Sehvermögens ist, eine Sehtest-Tafel zu verwenden, wie man sie auch beim Optiker findet. Die klassische Variante dieser Tafeln mit einem großen E in der oberen Reihe ist der sogenannte Snellen-Index, benannt nach Hermann Snellen, der sie im späten 19. Jahrhundert entwickelte. Der Snellen-Index arbeitet mit formal als »Optotypen« bezeichneten Sehzeichen. Optotypen sehen aus wie Blockbuchstaben und sollen auch als Buchstaben gesehen und gelesen werden. Es handelt sich dabei aber nicht etwa um Buchstaben aus irgendeinem beliebigen Schriftsatz, sondern sie haben eine ganz bestimmte, simple Geometrie, in der die Größen der Linien, Lücken und weißen Flächen sehr genau bestimmt sind: Wenn Sie diese nicht mehr deutlich genug sehen können, werden die Buchstaben schwierig zu lesen und verschwimmen. Die Buchstaben (und die Weißräume und Lücken, die sie ausmachen) werden weiter unten auf der Tafel immer kleiner. Die Zeile mit den kleinsten Buchstaben, die Sie noch erkennen können, ist ein Maß für Ihre Sehschärfe – oder genauer gesagt für die Fähigkeit Ihres Auges zur Auflösung von Details.

Die Kennzahl, mit der man Ihre Sehschärfe bezeichnet, beruht darauf, wie Sie im Vergleich zu einer Person mit normaler Sehschärfe abgeschnitten haben. Wenn Sie aus einer Entfernung von sechs Metern die gleiche Zeile mit Buchstaben noch lesen können, die eine Person mit normaler Sehschärfe aus sechs Metern Entfernung erkennen kann, ist der Snellen-Wert Ihrer Sehschärfe 6/6 (es gibt auch noch andere Messmethoden). Wenn Ihre Sicht nicht so gut ist, müssen die Buchstaben für Sie größer sein, damit Sie sie aus dieser Entfernung auch noch erkennen können. Wenn zum Beispiel die Buchstaben, die Sie gerade eben noch so aus sechs Metern Entfernung richtig erkennen können, von einer Person mit normaler Sehschärfe aus zwölf Metern noch lesbar sind, wäre Ihre Sehschärfe 6/12.

Nun können wir einen Hund natürlich nicht dazu bringen, uns Buchstabenreihen vorzulesen und müssen uns deshalb andere Techniken zur Überprüfung seiner Sehschärfe einfallen lassen. In diesem Test soll der Hund uns zeigen, dass er Details erkennen kann, die ein Muster bilden. Das Muster, das wir für Hunde benutzen, ist ein einfaches, aus gleich großen schwarzen und weißen senkrechten Streifen bestehendes Gitter. Dieses Muster wird neben ein einfarbig graues Muster gelegt. Hunde, die gut genug sehen, um das Streifenmuster zu erkennen und es korrekt anzeigen, bekommen ein Leckerchen. Hunde, die das graue Muster anzeigen, bekommen nichts. Als nächsten Versuch lässt man die Streifen dann immer enger und enger werden, was den kleiner werdenden Buchstaben beim Sehtest für Menschen entspricht. Irgendwann sind die Streifen so schmal, dass die Sehschärfe des Hundes nicht mehr ausreicht, sie überhaupt noch zu erkennen. Sie verschwimmen und verlaufen für sein Auge ineinander, sodass die Tafel mit den Streifen genauso aussieht wie die einfarbig graue Tafel. Wenn die Größe der Streifen an diesem Punkt angelangt ist, haben wir die Grenze der Sehschärfe bei diesem Hund erreicht. Die Größe der Streifen, die der Hund erkennen kann, kann zu dem gleichen Snellen-Wert für die Sehschärfe konvertiert werden, den wir aus einem Sehtest für Menschen kennen. Die bislang höchste mit dieser Methode belegte Sehschärfe stammt von einem Pudel aus Hamburg. Aber selbst die Sehkraft dieses Hundes war ziemlich schlecht: Er konnte nur diejenigen Muster erkennen, bei denen die Streifen etwa sechs Mal breiter waren als das, was ein Mensch mit normalem Sehvermögen erkennen kann. Würde man dies in die gewohnten Zahlenangaben für Sehschärfe übersetzen, hätte der Hund nur 6/23. Dies bedeutet, dass ein Muster, das vom Hund aus sechs Metern Entfernung erkannt wird, so groß ist, dass ein Mensch mit normaler Sehschärfe es aus 23 Metern erkennen kann. Um ein Gefühl dafür zu bekommen, wie schlecht das ist: Mit diesem Wert würden Sie beim Sehtest für die Führerscheinprüfung gnadenlos durchfallen und müssten zum Autofahren eine Brille tragen.

Lassen Sie sich aber von diesen Zahlen auch nicht allzu sehr beeindrucken. Auch wenn die Sehschärfe eines Hundes erheblich geringer ist als die eines Menschen, gelangt doch immer noch sehr viel Information von seinen Augen in sein Gehirn. Sein Blick ist lediglich »weicher« und kann nicht so viele Details ausmachen. Stellen Sie es sich ungefähr so vor, als ob Sie durch einen feinen Vorhangstoff oder ein Stück Klarsichtfolie schauen würden, das mit einer Schicht Vaseline beschmiert wurde. Die Umrisse von Gegenständen sind sichtbar, aber viele der inneren Details verschwimmen oder gehen sogar ganz verloren.

Warum leuchten Hundeaugen im Dunkeln?

Vielleicht haben Sie schon einmal bemerkt, dass die Augen eines Hundes, wenn sie nachts von einem Autoscheinwerfer oder einer Taschenlampe angestrahlt werden, in einem unheimlichen Gelb oder Grün aufleuchten und ihn wie einen Höllenhund aussehen lassen. Der Grund dafür hat mit der Tatsache zu tun, dass die Wildkaniden, von denen Hunde abstammen, dämmerungsaktive Tiere sind und deshalb Augen brauchen, die auch bei schwachem Licht gut funktionieren. Ihre Augen sind daher etwas anders aufgebaut als die von Menschen.

Die Konstruktion eines Auges ist einfacher zu verstehen, wenn man sich dabei eine Kamera vorstellt. Sowohl Ihr Auge als auch eine Kamera brauchen eine Öffnung, durch die das Licht hineinfällt (die Blende bei der Kamera, die Pupille im Auge), eine Linse, um das Licht zu sammeln und bündeln und eine empfindliche Oberfläche, um das Bild zu registrieren (der Film oder die lichtempfindliche Schicht in der Kamera, die Netzhaut im Auge). Sowohl Auge als auch Fotoapparat brauchen die Möglichkeit, sich an verschiedene Lichtbedingungen anpassen zu können und beide machen ständig Kompromisse zwischen guter Funktionsfähigkeit bei schlechtem Licht und der Wahrnehmung kleiner Details. Bei der Konstruktion des Hundeauges wurde anscheinend die Entscheidung getroffen, etwas von der Fähigkeit zum Erkennen kleiner oder feiner Umweltdetails zugunsten besserer Sicht bei Dämmerung zu opfern.

Wenn es darum geht, Licht ins Auge zu lassen, sind die Pupillen eines Hundeauges viel größer als die der meisten Menschenaugen. Bei manchen Hunden sieht man fast gar nichts mehr außer der Pupille, die das Auge beinahe ganz ausfüllt und nur einen kleinen farbigen Streifen der Iris am Rand übrig lässt. Mit ihren größeren Linsen können Hundeaugen auch besser Licht sammeln als Menschenaugen.

Um viel Licht aufzufangen, muss eine Linse groß sein, weshalb Sternenteleskope wie zum Beispiel das auf Mount Palomar in Kalifornien Linsen von fünf Metern Durchmesser besitzen. Sowohl beim Menschen als auch beim Hund dienen effektiv zwei Bestandteile des Auges als Linse. Das erste ist die »Cornea« oder Hornhaut, das ist die durchsichtige Abdeckung des Auges, die sich nach vorne herauswölbt. Die Hornhaut ist für das eigentliche Sammeln des Lichts zuständig. Der zweite Bestandteil, die Linse, liegt hinter der Pupille und ist dafür zuständig, die Bündelung des Lichts zu verändern. Dämmerungsaktive Tiere haben in der Regel eine große Hornhaut: Schauen Sie nur einmal, wie groß die Hornhaut Ihres Hundes im Vergleich zu der eines Menschenauges ist. Diese Größe ermöglicht es, mehr Licht aufzufangen und zur Weiterverarbeitung in das Auge zu schicken.

Das durch die Pupille und die Linse einfallende Licht formt dann letztendlich ein Bild auf der Netzhaut. Hier wird ein Großteil des Lichts aufgefangen und von speziellen Nervenzellen, den sogenannten Fotorezeptoren, registriert. Genau wie beim Menschen enthält auch die Netzhaut eines Hundes zwei Arten von Fotorezeptoren: die länglichen und schmalen »Stäbchen« sowie die kurzen, dicken und kegelförmigen »Zapfen«. Die Stäbchen sind auf das Arbeiten bei dämmrigem Licht spezialisiert. Kein Wunder also, dass Hunde einen viel höheren Anteil von Stäbchen in ihren Augen besitzen als Menschen. Sie haben aber außerdem auch noch einen zusätzlichen Mechanismus, der beim Menschen nicht vorkommt und der ihnen beim nächtlichen Jagen hilft.

Und damit kommen wir zu der Erklärung, warum die Augen eines Hundes wie schaurige grünlich-gelbe Scheinwerfer leuchten, wenn sie im Dunkeln von einem Lichtstrahl getroffen werden. Die Farbe stammt von dem reflektierenden »Tapetum lucidum«, das hinter der Netzhaut liegt und wie eine Art Spiegel funktioniert. Die glänzende Oberfläche des Tapetum lucidum wirft Licht, das nicht von den Fotorezeptoren erfasst wurde, auf die Netzhaut zurück und gibt damit den Fotorezeptoren eine zweite Chance, das schwache, ins Auge einfallende Licht aufzufangen.

Das Tapetum lucidum reflektiert das Licht aber nicht nur, sondern verstärkt es auch noch durch ein fotoelektrisches Phänomen namens Fluoreszenz. Die Fluoreszenz trägt zur Helligkeit des Lichts bei und verändert außerdem leicht die Farbe des zurückreflektierten Lichts. Diese Farbveränderung bringt die Wellenlänge des Lichts näher an das heran, wofür die Stäbchen am empfindlichsten sind und was sie am besten wahrnehmen können: ein gelbliches Grün.

Das vom Tapetum lucidum zurückgeworfene Licht erhöht also die Empfindlichkeit des Auges, aber um einen gewissen Preis: Das Licht, das auf die reflektierende Oberfläche im Augenhintergrund trifft, kommt aus verschiedenen Richtungen und kehrt wie eine auf die Bande treffende Billardkugel nicht auf dem gleichen Weg zurück, wie es gekommen ist, sondern wird in einem Winkel abgelenkt. Weil Eingangs- und Ausgangswinkel des Lichts unterschiedlich sind, verschwimmen die Bilder auf der Netzhaut etwas und werden unscharf. Das Hundeauge hat also ganz klar seine Fähigkeit zum scharfen Detailsehen dafür geopfert, besser bei schwachem Dämmerlicht zurechtzukommen.

Verstehen Hunde, was sie im Fernsehen sehen?

Viele Menschen berichten, ihre Hunde würden komplett ignorieren, was sie im Fernsehen sehen, während andere erzählen, dass sie sich oft von Ereignissen auf dem Bildschirm regelrecht fesseln lassen. Ob ein Hund einem Fernsehprogramm Beachtung schenkt oder nicht, hängt von mehreren Faktoren ab, vor allem aber von der Sehkraft des Hundes. Wenn wir die Ereignisse, die wir im Fernsehen sehen, auf ihre einfachste Form reduzieren, wird die Bewegung, die wir wahrnehmen, zu einem sich wandelnden Muster von Licht auf der Netzhaut unseres Auges. Auf dem Niveau der einfachen Netzhautzellen erscheint ein bewegtes Objekt als Flimmern. Wenn das Bild des Objekts über einen Sehrezeptor im Auge läuft und sich dann weiterbewegt, verursacht es eine ganz kurze Erhöhung oder Verringerung der Helligkeit. Aus diesem Grund benutzen Verhaltensforscher die Fähigkeit eines Individuums zum Erkennen eines flimmernden Objekts gern als Maß für die Geschwindigkeit, mit der der Sehapparat Ereignisse aufzeichnen kann und für die Effizienz der Bewegungswahrnehmung.

Um die Flimmer-Empfindlichkeit einer Person zu testen, schaut diese auf einen beleuchteten Bildschirm. Wenn die Flimmerfrequenz sehr schnell ist, kommt es zur »Flimmerverschmelzungsfrequenz« und der Bildschirm sieht aus, als wäre er konstant und unveränderlich beleuchtet. Eine Neonröhre zum Beispiel wirkt, als ob sie mit immer gleich bleibendem Licht leuchten würde, dabei flimmert sie mit einer Frequenz von 120 Malen (Hell-Dunkel-Zyklen) pro Sekunde. Im Labor misst man die Fähigkeit zur Auflösung des Flimmerns, indem man die Flimmerfrequenz so lange senkt, bis die Versuchsperson das Flackern des Lichts zu sehen beginnt. Ein durchschnittlicher Mensch sieht aber ab einer Geschwindigkeit von 55 Zyklen pro Sekunde kein Flimmern mehr, das entspricht etwa der Hälfte der Frequenz, mit der ein Neonlicht normalerweise flimmert. (Technisch wird die Anzahl der Zyklen pro Sekunde mit Hertz, abgekürzt Hz, bezeichnet). Man kann auch Hunde mit dem gleichen Versuchsaufbau testen. Im Schnitt können Beagle Flimmerfrequenzen bis zu 75 Hz sehen – etwa 50 Prozent schneller als die Flimmerfrequenz, die Menschen noch auflösen können.

Die Tatsache, dass Hunde Flimmern besser wahrnehmen können als Menschen, passt zu den gesammelten Daten darüber, dass sie auch Bewegungen besser sehen als wir. Damit wird auch eine häufig gestellte Frage beantwortet: Warum scheint die Mehrheit der Hunde an den Fernsehbildern nicht interessiert zu sein – auch, wenn Hunde auf dem Bildschirm zu sehen sind? Die Lösung dafür ist, dass das Bild auf einem Rasterbildschirm etwa 60 Mal pro Sekunde aktualisiert wird. Weil diese Frequenz über der Flimmerverschmelzungsfähigkeit von Menschen (55 Hz) liegt, nehmen wir das Fernsehbild als statisch wahr und die einzelnen Bilder verschmelzen glatt miteinander. Wenn man davon ausgeht, dass Hunde Flimmern erst bei 75 Hz auflösen, kann man daraus schließen, dass sie ein Fernsehbild vermutlich als schnelles Flimmern wahrnehmen, weshalb die Bilder weniger realistisch wirken und sie ihnen nicht viel Beachtung schenken. Manche Hunde scheinen aber dennoch dieses Flimmern des Fernsehers zu ignorieren und reagieren auf Hunde oder andere sich bewegende Objekte auf dem Bildschirm, wenn sie interessant genug sind. Die Weiterentwicklung der Technik lässt aber nun langsam die Zahl der fernsehenden Hunde steigen: Hoch auflösende Digitalbildschirme haben eine viel höhere Flimmerfrequenz, sodass selbst Hunde weniger Flimmern im Bild sehen und wir immer öfter von Haustieren hören, die sehr interessiert hinschauen, wenn in einer Naturdokumentation Bilder von Tieren in Bewegung gezeigt werden.

Manchmal stellen Menschen auch überrascht fest, dass ihr Hund zwar auf einen Hund oder ein anderes sich schnell bewegendes Tier im Fernsehen reagiert, nicht aber auf Hunde in Zeichentrickfilmen. Diese Unterscheidung zeigt uns, wie gut Hunde bewegte Bilder sehen und interpretieren können. Beim Anblick eines Zeichentrickhundes erkennt der Hund, dass die Figur sich bewegt, aber die Bewegungen einer Zeichentrickfigur entsprechen nicht genau dem Bewegungsmuster eines lebenden Tieres. Der Hund sieht also, dass sich etwas bewegt, erkennt aber, dass es kein Hund oder anderes echtes Tier ist, das für ihn interessant sein könnte.

Wie testet man das Gehör von Hunden?

Was Hunde hören, war schwierig herauszufinden, bevor einige neuere wissenschaftliche Neuerungen auf den Plan traten. Wenn man wissen möchte, was ein Mensch hört, ist das Testverfahren einfach: Man spielt ihm Töne verschiedener Frequenzen (hoch, niedrig und mittel) und Lautstärke vor und fragt ihn, ob er sie hört. Um die Hörfähigkeit von Hunden (oder anderen Tieren) mit der gleichen verhaltensbasierten Methode zu untersuchen, muss der Wissenschaftler das Tier zuerst dazu trainieren, auf die Geräuschquelle zu reagieren. Der Hund wird in eine Testbox gesetzt, die sowohl rechts als auch links von ihm einen Lautsprecher und einen Touchscreen oder Hebel enthält. Der Versuchsleiter lässt nun in zufälliger Abfolge über beide Lautsprecher Geräusche ertönen. Hört der Hund ein Geräusch, besteht seine Aufgabe darin, zu entscheiden, von welcher Seite es kam. Betätigt er dann den Hebel oder Touchscreen auf der richtigen Seite, fällt eine Futterbelohnung in einen Behälter, der unterhalb des Lautsprechers angebracht ist. Wenn die Entscheidung falsch ist, bekommt der Hund keine Belohnung für diesen Testdurchlauf. Das Trainieren und Testen mit dieser Methode ist mühsam und erstreckt sich oft über Wochen des Trainings und Hunderte von Testdurchläufen.

In letzter Zeit verwendet man eher einen Hörtest namens »Brainstem Auditory Evoked Response«, abgekürzt BAER-Test, zum Messen der Hörfähigkeit von Hunden. Diese Methode misst die elektrische Aktivität im Innenohr (der Cochlea) und den Nervenbahnen, die die Geräuschinformation zum Gehirn senden. Die Forscher setzen winzige Elektroden an den Kopf des Hundes und passen ihm einen Kopfhörer oder kleine Ohrhörer an. Das mag vielleicht unschön und schmerzhaft klingen, ist es aber nicht und kann gut an einem entspannten Hund durchgeführt werden. Nur sehr ängstliche oder empfindliche Hunde müssen eventuell leicht sediert werden.

Während des Tests werden kurze Geräuscheinheiten abgespielt und die Reaktionen des Gehirns von einem Computer aufgezeichnet. Der Computer stellt fest, ob das Gehirn auf das Geräusch reagiert hat. Hat es das nicht getan, können die Forscher davon ausgehen, dass der Hund den Ton nicht gehört hat. Der Vorteil dieses Tests ist, dass die Hunde nicht über eine lange Zeit trainiert werden müssen. Der Hund muss sogar noch nicht einmal wissen, worum es geht, weil die Wissenschaftler einfach nur die Reaktion des Gehirns auf Geräusche beobachten.

Aber auch die einfache Beobachtung des Verhaltens Ihres Hundes kann Ihnen Hinweise darauf geben, ob sein Gehör nachlässt – was bei älteren Hunden häufig vorkommt. Das erste Anzeichen nachlassenden Gehörs ist oft, dass die Hunde die Herkunft von Geräuschen nicht mehr genau orten können. Dieses Defizit kann sich in Verwirrung des Hundes äußern, wenn Sie ihn rufen und er Sie nicht sehen kann. Vielleicht schaut er sich unsicher um und kommt erst, nachdem er Sie endlich erblickt hat. Ein anderes Zeichen ist, dass der Hund beim Hören eines lauten Geräuschs seinen Kopf erst zur falschen Seite dreht – von dem Geräusch weg. Manchmal ist dieser Verlust der Fähigkeit zur Richtungsbestimmung von Geräuschen das einzige merkliche Anzeichen dafür, dass Ihr Hund auf einem Ohr taub geworden ist und das andere noch funktioniert.

Falls Sie sich Sorgen machen, wie es um das Gehör Ihres Hundes bestellt ist, gibt es einige einfache Tests, die Sie selbst zuhause machen können. Stellen Sie sich zuerst außerhalb seines Blickfelds hinter ihn und quietschen mit einem Spielzeug, pfeifen, klatschen in die Hände oder klopfen mit einem Löffel gegen einen Kochtopf. Ein normal hörender Hund wird die Ohren aufstellen und Kopf oder Körper in Richtung der Geräuschquelle drehen. Achten Sie unbedingt darauf, sich nicht direkt über Ihren Hund zu stellen, weil Hunde Luftströmungen sehr gut wahrnehmen können und Ihre Bewegungen oder die Fußbodenvibrationen direkt hinter ihnen spüren könnten. Wichtig ist auch, dass der Hund Sie nicht gesehen hat, bevor Sie das Geräusch machen. Manchmal ist es am besten, diese Tests zu machen, wenn der Hund schläft – so verringern Sie die Wahrscheinlichkeit, dass der Hund nur auf den Anblick Ihrer Bewegungen reagiert.

Bei jungen Welpen sind solche Heim-Hörtests allerdings Unsinn: Sie werden nicht mit dem gleichen guten Gehör geboren, das sie später als Erwachsene haben. Messungen an 11 bis 36 Tage alten Welpen zeigen, dass ihr Gehör zwar bei Geburt schon funktioniert, aber sich mit dem Älterwerden über die ersten ein oder zwei Monate weiterentwickelt. Eine weitere interessante Tatsache ist, dass die Fähigkeit zum Hören hochfrequenter Töne sich schneller entwickelt als die zum Hören niedriger oder mittlerer Frequenzen. Wenn Sie sich also Sorgen machen, ob ein Welpe richtig hört oder nicht, warten Sie, bis er etwa fünf Wochen alt ist, bevor Sie irgendwelche Hörtests durchführen.

Die Fähigkeit zum Hören scharfer, hochfrequenter Töne ist das, wozu das Hundeohr gemacht ist – sie bleibt auch am längsten erhalten und verschwindet meist erst als Letztes, wenn das Gehör eines Hundes nachlässt. Ein scharfes Händeklatschen oder ein kräftiger Pfiff auf einer lauten Pfeife führen oft zu einem Zucken des Ohrs und Drehen des Kopfes und lässt Sie wissen, dass Ihr Hund Sie gehört hat, auch wenn er gesprochene Worte schon lange nicht mehr verstehen kann.

Wie gut ist das Gehör eines Hundes im Vergleich zu dem eines Menschen?

Beim Suchen im Internet werden Sie oft lesen, dass ein Hund vier Mal so gut hört wie ein Mensch, was so nicht ganz stimmt. Diese Behauptung stammt aus einem informellen Versuch von P.W.B. Joslin, der unter anderem die Aktivitäten von Timberwölfen im Algonquin Park beobachtete. Joslin entdeckte, dass in Gefangenschaft lebende Wölfe auf seine Versuche zur Nachahmung von Wolfsheulen aus vier Meilen Entfernung reagierten, während seine menschlichen Kollegen das gleiche Geheul auch in einer ruhigen Nacht höchstens eine Meile weit hören konnten. Die Tatsache, dass ein Kanide ein Geräusch aus vier Mal größerer Entfernung hören kann als ein Mensch, ist vielleicht das, was zu oben zitierter Interpretation geführt hat. Die Wahrheit sieht aber so aus, dass das Gehör von Hunden bei manchen Geräuschen tatsächlich viele Hundert Mal besser ist als unseres, bei anderen aber die Geräuschempfindlichkeit von Hund und Mensch beinahe die gleiche ist.

Wie wir im vorigen Beitrag schon gesehen haben, war es bis zur Entwicklung des BAER-Tests schwer zu sagen, was ein Hund wirklich hörte. Die große Überraschung, die sich aus umfangreichen elektrophysiologischen Tests des hündischen Hörvermögens mit Hilfe dieser neuen Methode ergab, war, dass Hunde und Menschen im Mittelbereich der Tonfrequenzen, in den auch die menschliche Sprache fällt, ein fast genau gleiches Gehör haben. Bei den niedriger frequenten Tönen haben Menschen das empfindlichere Gehör. Die Lautstärke von Geräuschen wird in Dezibel (abgekürzt dB) gemessen, wobei 0 dB die durchschnittliche Lautstärke eines Tons ist, die ein junger Mensch ganz knapp nicht mehr hören kann. Jede Lautstärke unterhalb von Null wird mit einem vorangestellten Minuszeichen geschrieben und bezeichnet in der Regel ein Geräusch, das zu schwach ist, um vom menschlichen Ohr noch wahrgenommen werden zu können. Bei Tönen mit einer Frequenz von 2.000 Hertz (Hz) und darunter bis zu etwa 65 Hz haben Hunde und Menschen ungefähr die gleiche Geräuschempfindlichkeit.

Im Bereich zwischen etwa 3.000 und 12.000 Hz können Hunde Geräusche hören, die im Schnitt zwischen -5 und -15 dB leise sind, sprich sie sind für diese hochfrequenten Töne viel empfänglicher als wir Menschen. Oberhalb von 12.000 Hz ist das menschliche Gehör im Vergleich zu dem von Hunden so schlecht, dass es sinnlos ist, beides miteinander in Zahlen zu vergleichen.

Um sich ein besseres Bild von der Sachlage zu machen, sollten Sie wissen, dass ein junger Mensch Geräusche bis zu einer Frequenz von etwa 20.000 Hz hören kann. Wenn man ein Klavier konstruieren wollte, auf dem man den höchsten noch hörbaren Ton spielen könnte, müsste man 28 Tasten auf der rechten Seite der Tastatur hinzufügen (etwa dreieinhalb Oktaven). Sie brauchen sich aber keine Mühe zu machen, ein solches Klavier zu bauen, weil die meisten Menschen die höchsten Töne sowieso nicht hören könnten. Wenn wir älter werden, verursacht das Auftreffen von Geräuschwellen auf die Mechanismen in unseren Ohren mechanische Schäden und wir verlieren die Fähigkeit zum Hören höherer Töne als Erstes. Laute Geräuscheinwirkung (zu viele Rockkonzerte oder zu viele Stunden Hören von Musik in zu hoher Lautstärke) verringert die Hörfähigkeit speziell im Hochfrequenzbereich sehr schnell, sodass nur wenige erwachsene Menschen Töne über 16.000 Hz hören können.

Hunde können erheblich höhere Töne wahrnehmen als Menschen. Die höchsten liegen zwischen 47.000 und 65.000 Hz, je nach Eigenschaften des Hundes. Um wieder auf unser modifiziertes Klavier zurückzukommen: Wir müssten 48 zusätzliche Tasten auf der rechten Seite anbauen, um die oberste Note zu erreichen, die ein Hund noch hören kann. Die beiden letzten zwanzig Noten wären dabei selbst für das feinste menschliche Ohr überhaupt nicht mehr wahrnehmbar.

Die Tatsache, dass Hunde ein empfindlicheres Gehör haben als Menschen, insbesondere in den höheren Frequenzen, hilft erklären, warum manche Alltagsgeräusche wie zum Beispiel die von Staubsaugern, Rasenmähern oder Bohrmaschinen bei Hunden großen Stress auslösen können. Viele dieser Maschinen haben schnell rotierende Wellen an den Motoren, die Gebläse, Messer oder Bits antreiben. Diese Konstruktion kann intensive, hochfrequente Kreischgeräusche produzieren, die für Hunde schmerzhaft laut sind, unsere weniger empfindlichen menschlichen Ohren aber nicht stören, weil sie oberhalb des Frequenzbereichs liegen, den wir wahrnehmen können.

Dass Hunde Töne in sehr hoher Frequenz hören können, hat mit der Evolutionsgeschichte ihrer wilden Vorfahren zu tun. Wölfe, Schakale und Füchse jagen oft Kleintiere wie Mäuse, Wühlmäuse oder Ratten. Diese Beutetiere machen sehr hohe Quietschgeräusche und ihr Umherhuschen in Gras oder Laub bringt weitere hochfrequente Kratz- und Raschelgeräusche hervor. Manche Wildkanidenarten wie zum Beispiel der Wolf können zwar auch größere Tiere wie Hirsche, Schafe oder Antilopen erbeuten, aber Feldstudien haben gezeigt, dass die Sommernahrung vieler Wölfe hauptsächlich aus kleinen Nagern wie Mäusen oder Ratten besteht, gelegentlich ergänzt durch ein Kaninchen. Die Fähigkeit zum Hören der hochfrequenten Geräusche, die diese kleinen Kreaturen machen, ist deshalb überlebenswichtig und nur Kaniden, die sie besaßen, konnten gedeihen und sich fortpflanzen. Katzen, deren gesamte Lebensgrundlage von kleinen Nagern abhängt, können Töne hören, die noch 5.000-10.000 Hz über dem liegen, was ein Hund wahrnehmen kann.

Wie emfindlich ist der Geruchssinn eines Hundes?

Die Nase eines Hundes dominiert nicht nur äußerlich sein Gesicht, sondern auch sein Gehirn. Während das menschliche Gehirn stark darauf orientiert ist, die von den Augen und über das Licht gesammelten Informationen zu verarbeiten, ist das Hundegehirn vorrangig dafür gemacht, Geruchsinformationen zu sammeln. Der Teil des Hundegehirns, der für die Analyse von Gerüchen zuständig ist, ist im Verhältnis vierzig Mal größer als der entsprechende beim Menschen.

Hunde arbeiten aktiver als Menschen daran, Gerüche einzusammeln. Sie lassen sie nicht nur zufällig in ihre Nase ziehen, sondern benutzen bestimmte Fähigkeiten, die Menschen nicht haben. So können sie zum Beispiel ihre beiden Nasenöffnungen unabhängig voneinander bewegen, was ihnen zu bestimmen hilft, aus welcher Richtung ein Geruch kommt. Hunde haben außerdem eine besondere Schnüffelfähigkeit, die sich stark von ihrer normalen Atmung unterscheidet. Wenn Ihr Hund seine Nase in Richtung eines Geruchs streckt, unterbricht er aktiv seinen normalen Atmungsprozess, damit das erschnüffelte Material über eine knöcherne, kammähnliche Struktur in der Nasenhöhle geführt wird. Diese ist dazu gemacht, die den Geruch beinhaltende Luft einzufangen und zu verhindern, dass sie beim Ausatmen des Hundes ausgestoßen wird. Dieser Mechanismus macht es möglich, dass Geruchsmoleküle in der Nase bleiben und sich so viele davon ansammeln, dass der Hund sie wahrnehmen kann.

Die knöchernen Platten in der Nase eines Hundes sind von einer dicken, schwammigen Membran bedeckt. Sie enthält den größten Teil der geruchsempfindlichen Zellen und Nerven, welche die Information zum Gehirn weitertransportieren. Beim Menschen ist diese Fläche mit den Geruchsanalyse-Zellen etwa so groß wie eine Briefmarke. Wenn wir den entsprechenden Bereich aus einer Hundenase herausnehmen und auseinanderfalten könnten, wäre er dagegen ungefähr so groß wie ein DIN A4-Blatt. Teilweise war es dieser Unterschied in der Anzahl der geruchsempfindlichen Zellen, der Menschen zu dem Schluss kommen ließ, Hunde könnten zwischen eintausend und zehntausend Mal besser riechen als wir.

Hundenasen sind zwar allen Gerüchen gegenüber viel empfindlicher als Menschennasen, aber ganz besonders gut sind sie auf Tiergerüche eingestellt. Das überrascht eigentlich nicht weiter, wo Hunde doch Jäger sind und besonders empfindlich auf die Gerüche reagieren sollten, die mögliche Beutetiere hinterlassen. Ein schönes Beispiel dafür bekommen wir, wenn wir unsere Wahrnehmung von Buttersäure, einem Bestandteil von Schweiß, mit der des Hundes vergleichen. Menschen sind ziemlich gut darin, diesen Geruch auch noch in niedriger Konzentration wahrzunehmen: etwa fünf Millionstel Gramm gelöst in einem Kubikmeter Luft. Das klingt beeindruckend – aber wenn wir die gleiche Menge Buttersäure in 950.000 Liter Wasser auflösen würden, könnte ein Hund sie immer noch riechen. Wenn wir ein Gramm Buttersäure im Luftvolumen eines zehnstöckigen Hauses verdunsten lassen würden, könnte die menschliche Nase den Geruch beim Öffnen der Tür gerade eben noch so schwach wahrnehmen. Wenn wir das gleiche Gramm Buttersäure in Luft verdunsten und über eine Fläche von 350 Quadratkilometern in einer Höhe von 100 Metern verteilen würden, könnte ein Hund es immer noch riechen. Das ist ungefähr die Fläche der Stadt Philadelphia! Da in dieser Stadt etwa anderthalb Millionen Menschen leben, die alle schwitzen (besonders an den typisch schwülheißen Sommertagen), ist es interessant zu spekulieren, wie diese Großstadt wohl für einen Hund riechen muss.

Haben manche Hunderassen bessere Nasen als andere?

Zwar haben alle Hunde die Fähigkeit zur feinen Geruchswahrnehmung, aber durch gezielte Zucht lassen sich ihre Talente noch weiter verbessern.

Beagle, Basset Hound und Bloodhound sind gute Beispiele dafür, dass Geruchsempfindlichkeit zumindest teilweise genetisch bestimmt ist. Diese Hunde wurden als Spezialisten gezüchtet: Sie besitzen nicht nur eine besonders gute Fähigkeit zur Wahrnehmung und Unterscheidung von Gerüchen, sondern auch eine besondere Passion, Gerüchen zu folgen und sie zu entdecken.

Der knöcherne Kamm in der Hundenase, der die geruchsempfindlichen Zellen enthält, variiert je nach der Gesamtgröße der Nase in seinen Ausmaßen. Hunde mit längeren und breiteren Nasen steht mehr von dieser Oberfläche zur Verfügung, während solche mit kleineren Nasen oder flachen Gesichtern und kurzen Nasen, wie etwa Mops oder Pekinese, eine kleinere Oberfläche in diesem Nasenbereich und damit einfach nicht so viel Platz für Riechzellen haben. So haben Dackel zum Beispiel etwa 125 Millionen Geruchsrezeptoren, während Fox Terrier 147 Millionen und Deutsche Schäferhunde etwa 225 Millionen haben.

Manche Hunde, besonders die als »Spürhunde« bezeichneten, haben besonders volumige Nasen, damit so viele Riechzellen wie möglich in den zur Verfügung stehenden Raum passen – auch wenn der Hund an sich gar nicht besonders groß ist. So hat der sehr geruchsorientierte Beagle, der normalerweise um die 13 Kilo wiegt und an der Schulter nur rund 30 cm misst, die gleichen 225 Millionen Riechzellen wie der Deutsche Schäferhund, der doppelt so groß ist wie der Beagle, nämlich rund 60 cm, und etwa 35 Kilo wiegt. Der absolute Geruchschampion ist aber der Bloodhound. Diese Hunde bringen rund 300 Millionen Geruchsrezeptoren in ihren Nasen unter.

Und wie sieht die Anzahl der Geruchsrezeptoren beim Hund im Vergleich zum Menschen aus? Menschen sind nicht sonderlich geruchsorientiert, was zum Teil daran liegt, dass wir nur schwache fünf Millionen Riechzellen besitzen. Oder anders gesagt – der Durchschnittsmensch besitzt in seiner Nase nur etwa zwei Prozent der geruchsanalysierenden Zellen, die wir in der Nase des kleinen Beagles finden.

Das Riechtalent der Hunde weist noch eine besondere Merkwürdigkeit auf: Aus noch nicht ganz bekannten Gründen scheinen Rüden eine bessere Fähigkeit zur Geruchsunterscheidung zu haben als Hündinnen. Manche Verhaltensforscher sind der Meinung, dies läge nicht etwa daran, dass die Nase von Rüden empfindlicher sei als die von Hündinnen, sondern eher daran, dass diese interessierter an Gerüchen sind und sich mehr auf sie konzentrieren – so zum Beispiel auf den Geruch einer läufigen Hündin.

Können Hunde Krebs erschnüffeln?

Es gab und gibt viele Berichte von Hunden, die Krebs entdeckt haben, wie zum Beispiel im Fall von Arlene Goldberg aus Chicago. Sie verdankt ihr Leben sehr konkret ihrem Cocker Spaniel Duffy, der plötzlich die lästige Angewohnheit angenommen hatte, an ihr hochzuspringen und an einem Muttermal zu schnüffeln und knabbern, das sich knapp unterhalb des Nackens auf ihrer Schulter befand. Duffy war so beharrlich darin, dass Arlene dieses Verhalten gegenüber ihrem Arzt erwähnte. Er entfernte das Muttermal und ließ eine Biopsie machen. Wenige Tage später fand Arlene sich zur Entfernung eines größeren Hautbereichs rund um das Muttermal im Krankenhaus wieder, weil das Muttermal sich als bösartiges Melanom herausgestellt hatte, das sie hätte umbringen können, wenn es metastasiert hätte. Die erste Zusammenfassung medizinischer Berichte, die Fallbeispiele wie das von Arlene untersuchten, erschien 1989 in der renommierten medizinischen Fachzeitschrift Lancet. Seitdem konnte in einer Reihe kontrollierter Versuche nachgewiesen werden, dass Hunde Krebs ebenso gut oder sogar besser als traditionelle medizinische Untersuchungstechniken entdecken können.

Eine der ersten Studien wurde von Dermatologin Armand Cognetta aus Florida durchgeführt, die sich entschlossen hatte, den möglichen medizinischen Einsatz von Hunden in der Krebserkennung zu erforschen. Im Jahr 1996 lieh sie sich einen sieben Jahre alten Schnauzer namens George aus, der bis vor kurzem als Sprengstoffspürhund gearbeitet hatte und in Rente gegangen war. Sie wollte herausfinden, ob der Hund Melanome sowohl in Gewebeproben als auch am lebenden Menschen zuverlässig erkennen konnte. Normalerweise benutzt man ein Handmikroskop für die Diagnose von potenziellem Hautkrebs und schließt eine Gewebeuntersuchung an. Weil die Untersuchung per Mikroskop in der Früherkennung aber nur zu achtzig Prozent effektiv ist (sprich eine von fünf Diagnosen falsch ist), werden in der Regel weitere Tests durchgeführt, um das Vorhandensein von Krebs zu bestätigen. Cognetta benutzte Gewebeproben von Melanomen aus einem Krankenhaus und einem Forschungslabor dazu, George zum Aufspüren eines Röhrchens mit einer Melanomprobe darin zu trainieren. Mit der Zeit wurde George ziemlich professionell darin und fand die Melanomprobe auch dann noch, wenn sie mit neun normalen Gewebeproben zusammen in einem Reagenzglashalter steckte. Er fand das Melanom in 99 Prozent der Fälle. Dann erlaubte Cognetta George die »Untersuchung« echter Patienten, was erheblich schwieriger ist. Letztlich erkannte George Melanome bei vier (oder fünf, je nachdem, wie man die Ergebnisse betrachtet) von sieben Patienten. Die Ergebnisse waren zwar interessant, aber noch weit von einem Beweis entfernt, weshalb es nötig erschien, größere und besser kontrollierte Versuchsreihen durchzuführen.

Im Krankenhaus von Amersham in England führten Carolyn Willis und ihr Team eine äußerst sorgfältig kontrollierte Doppelblindstudie durch, die bewies, dass Hunde sich zum Erkennen und Anzeigen von Blasenkrebs trainieren lassen. Dazu wurden sechs Urinproben von entweder gesunden oder an einer anderen Erkrankung leidenden Patienten und eine Probe von einem Patienten mit Blasenkrebs verwendet. Weder die Wissenschaftler, die die Tests durchführten, noch die Hunde hatten irgendeine Möglichkeit, vorab herauszufinden, welche Probe den Krebs enthielt.

In einem Fall zeigten die Hunde immer wieder eine Probe an, die nach Aussage der betreuenden Ärzte krebsfrei war. »Die Trainer schafften es einfach nicht, die Hunde über diese eine Probe hinweg zu trainieren«, berichtet Willis. »Und sie waren allmählich wirklich verzweifelt, dass das Ganze überhaupt nicht funktionieren würde. Weil die Hunde aber konsequent diese Probe anzeigten, berieten wir uns mit einem Facharzt.«

Andy Cook, einer der Trainer, beschreibt, was als Nächstes passierte: »Die Ärzte hatten unsere Hunde arbeiten gesehen und vertrauten ihnen, deshalb schickten sie die Probe zur weiteren Untersuchung ein. Sie waren völlig von den Socken, als sich herausstellte, dass dieser Patient nicht nur unter dem bekannten Nierenkrebs, sondern zusätzlich auch unter Blasenkrebs litt.«

Manche Hunde scheinen spontan Krebs zu erkennen, aber neuere Forschungen zeigen, wie schnell und effektiv sie zum Erkennen dieser Erkrankung trainiert werden können. Michael McCulloch von der Pine Street Foundation im kalifornischen San Anselmo benötigte zusammen mit seinen Kollegen nur drei Wochen Training, um fünf Familienhunden das Erkennen von Lungen- oder Brustkrebs anhand von Beschnüffeln des Atems der Testperson beizubringen. Der Versuch selbst umfasste 86 Krebspatienten (55 mit Lungenkrebs und 31 mit Brustkrebs) sowie 83 gesunde Patienten. In der Studie schnüffelten die Hunde an Atemproben, die in speziellen Röhrchen verschlossen waren. Sie wurden dazu trainiert, sich direkt vor der Station mit einer Krebsprobe hinzusetzen oder hinzulegen. Die Ergebnisse waren spektakulär und bewiesen, dass Hunde Brust- und Lungenkrebs mit einer Trefferquote von über 90 Prozent erkennen können.

In einer neueren Studie fertigte Hideto Sonodo von der Universität Kyushu in Japan Atem- und Stuhlproben von Patienten mit Darmkrebs an. Die Forscher legten eine Krebsprobe und vier gesunde Proben in Aufbewahrungsbehälter und baten einen Labrador Retriever in einer Reihe von »Schnüffeltests«, den Behälter mit der Krebsprobe zu suchen. Der Hund erschnüffelte die Krebsprobe bei 33 von 36 Atemproben und 37 von 38 Stuhlproben. Das ist fast so genau wie eine Darmspiegelung. Dazu kam noch, dass einige der Proben von Patienten mit Darmkrebs im Frühstadium stammten, der besonders schwierig zu erkennen ist.

Ein ausgebildeter Hund hat das Potenzial, im Laufe seines Lebens mehr als zwölftausend Menschen auf Krebs zu untersuchen. Die Zeit in die Ausbildung von Krebserkennungs-Hunden wäre also gut investiert und gute Medizin zugleich. Vielleicht kommt der »Lab-Test«, den Sie irgendwann in Zukunft im Rahmen Ihrer Krebsvorsorge erhalten, dann nicht mehr aus dem Labor, sondern von einem im Schnüffeln besonders versierten Labrador Retriever.

Wie gut ist der Geschmackssinn eines Hundes?

Glaubt man der Hundefutterwerbung im Fernsehen, haben Hunde einen sehr feinen Geschmack. Evolutionär gesehen ist der Geschmack ein sehr alter Sinn. Er entwickelte sich aus dem direkten Zusammenwirken der ersten Lebewesen mit der gigantischen Terrine chemischer Ursuppe, in der sie eingetaucht waren. Die im Wasser gelösten Substanzen waren für diese primitiven Wesen überlebenswichtig. Manche dienten als Nahrung, manche als Warnsignal und wieder andere konnten Schaden anrichten oder sogar töten. Mit der weiteren Entwicklung der Tiere wurde ihr Geschmackssinn spezialisierter und kultivierter. Die Gefühle von Genuss oder Ekel, die vom Geschmack erzeugt werden, haben eine für das Überleben wichtige Funktion. Eine zumindest für die natürlichen Substanzen brauchbare Faustregel ist, dass schlechter Geschmack auf etwas Schädliches, Unverdauliches oder Giftiges hinweist, während guter Geschmack für nützliche, verdauliche Substanzen steht.

Weil er für das Überleben so wichtig ist, ist der Geschmack – auch wenig überraschend – einer der ersten Sinne, die bei Hunden zu funktionieren beginnen. Gleich ab der Geburt funktionieren bei Welpen nur der Tast-, Geschmacks- und Geruchssinn, wobei der Geschmack ein paar Wochen benötigt, bis er voll entwickelt und ausgereift ist.

Genau wie beim Menschen hängt auch beim Hund der Geschmackssinn von besonderen Rezeptoren ab, den sogenannten Geschmacksknospen. Sie befinden sich auf der Oberfläche der Zunge in kleinen Knubbeln angeordnet, die man Papillen nennt. Es gibt auch noch ein paar Geschmacksknospen an anderen Stellen wie zum Beispiel dem Gaumen und dem hinteren Teil des Munds, am Übergang zum Rachen (an Epiglottis und Pharynx). Die Geschmacksempfindlichkeit eines Lebewesens hängt von Art und Anzahl der Geschmacksknospen ab, die es besitzt, genau wie die Geruchsempfindlichkeit von der Anzahl der olfaktorischen Rezeptoren abhängt. Menschen sind mit etwa 9.000 Geschmacksknospen klare Sieger im Feinschmecker- Wettbewerb gegenüber den Hunden, die nur etwa 1.700 davon besitzen. Allerdings haben Hunde immer noch erheblich mehr Geschmacksknospen als Katzen, bei denen es im Schnitt nur 470 sind.

Es scheint so zu sein, dass bestimmte Geschmacksknospen jeweils auf spezielle chemische Stoffgruppen eingestellt sind und wiedererkennbare Geschmäcker produzieren. Wenn die Rede vom menschlichen Geschmackssinn ist, haben wir vier Grundgeschmacksrichtungen identifiziert: süß, salzig, sauer und bitter. Die Wissenschaft stellte zwar schon früh fest, dass die Geschmacksrezeptoren von Hunden auf die gleichen chemischen Stoffe reagieren, die menschliches Geschmacksempfinden auslösen, aber es gibt einen klaren Unterschied zwischen beiden, der mit dem Geschmack von Salz zu tun hat. Menschen und viele andere Säugetiere haben eine sehr starke Geschmacksreaktion auf Salz. Wir schmecken es heraus und wir mögen es auf unserem Essen. Brezel, Kartoffelchips oder Erdnüsse sind Snacks, die normalerweise großzügig gesalzen sind. Salz ist für die Ausgewogenheit unserer Ernährung wichtig, und in Gemüse und Getreide ist nicht viel davon enthalten. Hunde sind da anders, weil sie in erster Linie Carnivoren sind und ihr Hauptnahrungsbestandteil in freier Wildbahn Fleisch ist. Weil Fleisch viel Natrium enthält, hatten die wilden Vorfahren der Hunde bereits genügend Salz in ihrer Nahrung zur Verfügung und entwickelten nicht wie wir hochempfindliche Salzrezeptoren und das starke Verlangen nach Salz. Hunde sind keine ausschließlichen Fleischfresser, sondern werden manchmal auch als Omnivoren oder Allesfresser bezeichnet, sprich sie fressen nicht nur Fleisch, sondern auch Pflanzenbestandteile. Trotzdem werden in freier Wildbahn mehr als 80 Prozent der Nahrung eines Hundes aus Fleisch bestehen. Aus diesem Grund haben Hunde zusätzlich zu den Sensoren für süß, salzig, sauer und bitter noch spezielle Geschmacksrezeptoren, die besonders auf Fleisch, Fette und fleischbezogene Stoffe spezialisiert sind. Hunde suchen sich ganz klar Dinge heraus, die Fleisch oder aus Fleischextrakt gewonnene Geschmacksstoffe enthalten und bevorzugen diese gegenüber anderen.

Die Geschmacksknospen für süß reagieren bei Hunden auf einen Stoff namens Furaneol, der in vielen Früchten und auch in Tomaten vorkommt. Katzen sind für diesen Stoff quasi »geschmacksblind«. Hunde scheinen diesen Geschmack zu mögen, und der Sinn für ihn entwickelte sich vermutlich deshalb, weil Hunde in natürlicher Umgebung ihre aus Kleintieren bestehende Hauptnahrung immer wieder mit zur Verfügung stehenden Früchten ergänzen.

Die Geschmacksknospen für die Grundgeschmacksrichtungen sind nicht gleichmäßig über die Zunge verteilt. Süß wird am besten an der Spitze und den Seiten der Zunge wahrgenommen. Die sauren und salzigen Geschmacksknospen befinden sich ebenfalls an den Seiten, aber weiter hinten, wobei der auf Salz reagierende Bereich relativ klein ist. Der hintere Bereich der Zunge ist am sensibelsten für bitteren Geschmack. Die Empfindlichkeit für fleischigen Geschmack ist über die Zungenoberfläche verteilt, kommt aber vor allem in den vorderen zwei Dritteln vor. Insgesamt können aber alle Bereiche der Zunge auf alle Geschmäcker reagieren, wenn der Reiz intensiv genug ist; die erwähnten Bereiche sind lediglich für die einzelnen Geschmäcker ganz besonders sensibel.

Weil Hunde bitteren Geschmack nicht mögen, wurden verschiedene Sprays und Gels entwickelt, um sie am Ankauen von Möbeln oder anderen Gegenständen zu hindern. Diese Präparate enthalten oft Bitterstoffe wie Alaun oder verschiedene aus scharfem Pfeffer gewonnene Substanzen. Die bitter schmeckenden Abwehrmittel können die meisten Hunde vom Ankauen unerwünschter Gegenstände abbringen, aber die Betonung liegt auf »können«. Das Problem ist, dass die Geschmacksknospen für Bitter auf dem hintersten Drittel der Zunge sitzen, was bedeutet, dass ein schnelles Abschlecken oder schnelles Hinunterschlucken nicht ausreichen, um den Geschmack wahrzunehmen. Nur bei längerem Kauen gelangt der bittere Geschmack dorthin, wo er auch wahrgenommen werden kann.

Hunde haben außerdem auch auf Wasser spezialisierte Geschmacksknospen – eine Eigenheit, die sie mit Katzen und anderen Carnivoren teilen und die beim Menschen nicht vorkommt. Dieser Geschmackssinn befindet sich an der Zungenspitze des Hundes, demjenigen Teil der Zunge, die er löffelartig krümmt, um Wasser zu schlabbern. Dieser Bereich reagiert immer auf Wasser, aber wenn der Hund etwas Salziges oder Süßes gefressen hat, erhöht sich die Empfindlichkeit für den Wassergeschmack. Die Fähigkeit zum Schmecken von Wasser hat sich vermutlich deshalb entwickelt, damit der Körper seinen Flüssigkeitshaushalt ausgleichen kann, wenn das Tier etwas gefressen hat, das entweder zu erhöhtem Harnabsatz führt oder mehr Wasser zur Verdauung benötigt. Dieser Geschmackssinn ist sehr nützlich, weil Hunde Fleischfresser sind und Fleisch, wie bereits erwähnt, einen hohen Salzgehalt besitzt. Wenn diese speziellen Wasser-Geschmacksknospen aktiv sind, scheinen Hunde das Trinken von Wasser ganz besonders zu genießen und nehmen große Mengen davon zu sich.

Warum haben Hunde Tasthaare?

Seitlich vom Fang eines Hundes stehen einige steife Haare ab, die als Tasthaare – oder terminologisch korrekter – als »Vibrissen« bezeichnet werden. Mit den funktionslosen Schnauzbärten, wie Männer sie sich manchmal wachsen lassen, haben sie rein gar nichts zu tun. Bei Katzen werden die gleichen Haare als »Schnurrhaare« bezeichnet. Die Vibrissen sind sehr raffinierte Vorrichtungen, die dem Hund helfen, sich seinen Weg durch die Welt zu erfühlen. Sie unterscheiden sich stark von den anderen Haaren am Hundekörper: sie sind viel fester und tiefer in die Haut eingebettet. An der Basis jeden Tasthaars findet sich eine hohe Dichte berührungsempfindlicher Nervenzellen.

Tasthaare kommen außer bei Hunden auch bei vielen anderen Tieren wie Katzen, Ratten, Bären oder Seehunden vor, was vermuten lässt, dass sie eine nützliche Funktion erfüllen.

Eine Möglichkeit, um festzustellen, wie wichtig etwas für ein Tier ist, ist die Überprüfung, wie viel von seinem Gehirn es dafür benutzt. Von den Gehirnbereichen, die beim Hund Berührungsinformationen aufzeichnen, sind fast 40 Prozent dem Gesicht gewidmet. Davon wiederum bezieht sich ein überproportional großer Anteil auf den Oberkiefer, wo die Vibrissen sitzen. Wir können sogar jede einzelne Vibrisse einem speziellen Bereich im Gehirn des Hundes zuordnen. Es liegt also nahe, dass der von den Tasthaaren übermittelte Information große Wichtigkeit zugemessen wird.

Die Vibrissen dienen als Frühwarnsystem dafür, dass etwas dem Gesicht zu nahe gekommen ist und verhindern damit Zusammenstöße mit Wänden oder Gegenständen und verhindern, dass sich nähernde Gegenstände das Gesicht oder die Augen des Hundes verletzen. Sie können es einmal selbst ausprobieren, indem Sie leicht gegen die Tasthaare Ihres Hundes tippen. Bei jeder Berührung wird er das Auge der gleichen Gesichtshälfte schützend zukneifen und seinen Kopf wegdrehen.

Die Vibrissen scheinen auch mit der Lokalisierung von Gegenständen und vielleicht auch ihrer Erkennung zu tun zu haben. Die meisten Tiere benutzen Tasthaare so, wie ein blinder Mensch seinen Stock. Wenn der Hund sich einem Gegenstand nähert, richten die kleinen Muskeln am Ansatz des Tasthaares es etwas nach vorn. Dann vibrieren sie leicht, während der Hund seinen Kopf bewegt, um die Haare über die Oberfläche des Gegenstandes zu führen. Damit sammelt er Informationen über Form und Oberflächenbeschaffenheit (glatt, rau) von Gegenständen in der Nähe seines Kopfes.

Weil der Hund seine Augen nicht gut auf Dinge fokussieren kann, die nah vor ihm liegen und sein eigener Fang ihm außerdem die Sicht versperrt, wenn etwas direkt vor seinem Maul ist, hilft ihm die Information von den nach vorn-unten zeigenden Vibrissen dabei, kleine Gegenstände zu lokalisieren, identifizieren und mit dem Maul aufzuheben.

Viele Hundefreunde sind sich der Bedeutung der Vibrissen für Hunde nicht bewusst und auch viele Hundefrisöre scheinen sie genau wie Barthaare beim Menschen als rein kosmetische Sache zu betrachten. Zur Vorbereitung auf den Ausstellungsring werden den Hunden vieler Rassen die Tasthaare abgeschnitten. Dabei wird argumentiert, dass der Kopf deshalb »sauberer« aussähe. Leider ist das Entfernen der Tasthaare für den Hund aber unangenehm und belastend und verringert seine Fähigkeit zur vollen Wahrnehmung seiner Umgebung.

Hunde, deren Tasthaare entfernt wurden, scheinen sich insbesondere in der Dämmerung unsicherer zu fühlen. Unter diesen Lichtbedingungen bewegen sich Hunde langsamer, weil sie nicht die Informationen bekommen, die sie brauchen, um Hindernisse zu umlaufen. Mit intakten Tasthaaren muss der Hund keinen Körperkontakt mit einem Gegenstand aufnehmen, um zu wissen, dass er dort ist. Diese speziellen Haare sind so empfindlich, dass sie sogar leichte Veränderungen in der Luftströmung wahrnehmen. Nähert sich der Hund beispielsweise einer Wand, wird durch seine Annäherung in Bewegung versetzte Luft von ihr zurückgeworfen und biegt die Tasthaare ganz leicht, was ausreicht, um ihn zu informieren, dass da etwas vor ihm liegt, ohne dass er es berührt.

Empfinden Hunde Schmerzen genauso wie wir?

Es ist gerade einmal zehn Jahre her, dass ich in einer Wissenschaftstagung saß und einem Tierarzt zuhörte, der behauptete: »Hunde empfinden Schmerzen nicht in dem gleichen Maß wie Menschen, weshalb das Vorhaben, Schmerzen bei Hunden messen und behandeln zu wollen, nicht sonderlich vorrangig ist.«

Der Mythos, dass Hunde Schmerzen nicht so fühlen würden wie Menschen oder zumindest nicht so stark, ist zum Teil dem Erbe der wilden Vorfahren unserer Hunde geschuldet. Kaniden haben einen Instinkt geerbt, durch Verletzung oder Krankheit verursachte Schmerzen zu verbergen. In der Wildnis ist ein verletztes oder krankes Tier anfällig für einen Angriff – deshalb ist es ein Überlebensvorteil, sich zu benehmen, als ob alles in Ordnung wäre, obwohl genau das Gegenteil der Fall ist. Und so nehmen auch unsere Haushunde Schmerzen oft noch stoisch hin. Sie unterdrücken viele offensichtliche Signale für Schmerzen und Verletzungen, um sich selbst und ihren sozialen Status im Rudel zu schützen. Sie verstecken ihre Schmerzen, um den Anschein zu erwecken, die Situation unter Kontrolle zu haben. Leider macht dieses instinktive Verhalten es uns Menschen schwer, zu erkennen, wenn unseren Hunden etwas wehtut.

Viele Tierärzte sind der Meinung, dass Hunde, abgesehen von einigen »zimperlichen« Rassen, eine niedrige Schmerzempfindlichkeit hätten. Dazu passt ein häufig anzutreffendes Verhalten von Tierärzten: Eine Umfrage hat ergeben, dass fast die Hälfte aller Tierärzte Hunde selbst nach Operationen im Bauchraum oder Kastrationen ohne jegliche Schmerzmittel nach Hause schickt.

Manche von ihnen argumentieren sogar, ein bisschen Schmerz sei gut für ein Tier, das sich erholen müsse, weil er es ruhig hielte und übermäßige Aktivität verhindere. Aber stellen Sie sich nur einmal die vergleichbare Situation beim Menschen vor – eine Frau, der in einer Hysterektomie die Gebärmutter entfernt wurde, was der Kastration bei einer Hündin entspricht. Was meinen Sie, wie sie wohl reagieren würde, wenn ihr Arzt ihr keine Schmerzmittel verschreiben und sagen würde »Die Schmerzen sind gut für Sie, denn so bleiben Sie wenigstens ruhig liegen, solange die Wunde heilt«?

Die wissenschaftliche Literatur zeigt recht klar, dass Schmerzen, besonders, wenn sie über lange Zeit erfahren werden, schädlich für die Gesundheit eines Hundes sein können. Der Grund dafür ist, dass

Schmerzen ein Stressor sind, und in Reaktion auf den Stress beginnt der Körper Stresshormone auszuschütten. Diese Hormone beeinflussen so gut wie jedes System im Körper, verändern die Stoffwechselrate, rufen neurologische Reaktionen hervor und führen dazu, dass Herz, Thymusdrüse und Nebenniere in einen Zustand besonders hoher Aktivität geraten. Die Spannung, die durch den Zustand des schmerzverursachten Stresses entsteht, kann außerdem den Appetit des Tieres verringern, zur Ermüdung von Muskeln und Erschlaffung von Gewebe führen oder dem Tier den heilenden Schlaf rauben. Letzten Endes ist der Hund erschöpft und unglücklich, was die Heilungsfähigkeit des Körpers herabsetzt. Forscher haben die Auswirkungen von Schmerzbehandlungen bei Hunden nach Verletzungen, Krankheiten oder operativen Eingriffen untersucht. Als sie die Heilung von Hunden nach Operationen betrachteten, stellten sie fest, dass nach dem Eingriff verabreichte Schmerzmittel erhebliche Vorteile mit sich brachten, so zum Beispiel eine verbesserte Atemfunktion, eine verringerte Stressreaktion des Körpers auf den Eingriff, einen kürzeren Klinikaufenthalt, schnellere Rückkehr zur normalen Mobilität, verbesserte Heilungsrate und sogar ein verringertes Infektionsrisiko nach der Operation. Fast alle diese Studien zeigen, dass Menschen und Tiere schneller zu ihren normalen Ess- und Trinkgewohnheiten zurückkehren, wenn man für eine Linderung ihrer Schmerzen sorgt.

Die Wissenschaftler fassten ihre Ergebnisse so zusammen, dass Vorbeugung, Früherkennung und aggressive Behandlung von Schmerzen bei der tierärztlichen Behandlung von Hunden unentbehrlich sein sollten. Sie warnen uns, dass es wichtig ist, subtilen Schmerzanzeichen unserer Tiere gegenüber sensibel zu sein, weil die Behandlung der Schmerzen selbst heilend wirken kann, indem sie den die Heilung verzögernden Stress reduziert.

Mit diesem Wissen im Hinterkopf ist es für Sie also wichtig, die Anzeichen und Symptome von Schmerzen bei Ihrem Hund zu erkennen. Möglicherweise können Sie besser beurteilen, ob Ihrem Hund etwas wehtut, als Ihr Tierarzt, einfach deshalb, weil Sie ihn besser kennen und daher eher bemerken, wie sein Verhalten sich ändert und wie er Schmerzen äußert.

Allgemein kann man sagen, dass unter Schmerzen leidende Hunde weniger aufmerksam und ruhiger als normal erscheinen. Möglicherweise ziehen sie sich zurück und vermeiden den Kontakt zu anderen Tieren oder Menschen. Ihre Bewegungen können steif und unwillig sein. Genau wie Menschen in der gleichen Situation liegt ein unter starken Schmerzen leidender Hund still oder nimmt eine ungewöhnliche Position ein, um sein Unwohlsein zu lindern. Bei weniger starken Schmerzen können Hunde ruhelos und erregt erscheinen und beginnen, ruhelos umherzulaufen.

Hunde mit Schmerzen zeigen Anzeichen für Stress, wozu Hecheln und flache Atmung gehören. Sie können zittern und die Pupillen können erweitert sein. Außerdem können Sie ziemlich sicher sein, dass etwas nicht stimmt, wenn Ihr Hund nicht mehr normal frisst. Im Gegensatz zu dem, was man vielleicht erwarten könnte, bellen Hunde nicht mehr als sonst, wenn sie Schmerzen haben. Eher winseln oder heulen sie, besonders, wenn sie alleine sind.

Ein unter Schmerzen leidender Hund kann außerdem unerwartet knurren, wenn sich ihm jemand nähert und aggressiv erscheinen. Ein Teil dieses veränderten Verhaltens kann einfach nur der Versuch sein, schmerzende Körperbereiche zu schützen. Alle diese Veränderungen im Verhalten Ihres Hundes können bedeuten, dass er Schmerzen hat, aber einige Symptome weisen auch auf Angst, Nervosität oder generell schlechten Gesundheitszustand hin. Als solche sind sie frühe Warnsignale, die Sie dazu veranlassen sollten, Ihren Hund gründlich tierärztlich untersuchen zu lassen.

Denken Sie daran: Je länger Ihr Hund Schmerzen hat, desto länger kann seine Heilung wegen der Nebeneffekte des schmerzbedingten Stresses dauern. Das Schöne ist aber, dass es heutzutage zahlreiche gute und wirksame Möglichkeiten gibt, Schmerzen Ihres Hundes zu behandeln.

Erkennen Hunde sich selbst im Spiegel?

Viele Menschen sind erstaunt darüber, dass Hunde offenbar ihr eigenes Spiegelbild ignorieren. Welpen, die zum ersten Mal einen Spiegel sehen, behandeln das Bild oft so, als ob es sich um einen anderen Hund handeln würde. Sie bellen es an oder fordern es mit typischen Gesten zum Spielen auf, so, als ob sie einen echten Hund treffen und mit ihm interagieren würden. Allerdings verlieren sie nach kurzer Zeit das Interesse und behandeln ihr Spiegelbild später meist so, als ob es überhaupt nicht von Belang wäre.

Wenn wir Menschen in einen Spiegel schauen, erkennen wir dagegen das Bild, das wir anschauen, sofort als unser eigenes. Das erscheint uns so natürlich, dass es nichts Besonderes für uns ist. Vom Standpunkt der Psychologie aus betrachtet ist es aber eine geistige Meisterleistung, weil sie ein Bewusstsein vom eigenen Ich voraussetzt, und das wiederum ist einer der anspruchsvollsten Aspekte des Bewusstseins überhaupt. Wir müssen dazu in unserer Vorstellung aus uns heraustreten und uns als vom Rest der Welt getrennte Einheiten betrachten.

Die Fähigkeit, uns selbst im Spiegel zu erkennen, besitzen wir nicht von Geburt an. Kleinkinder mögen zwar von ihrem Spiegelbild fasziniert sein, aber sie betrachten eine solche Begegnung als soziale Interaktion mit einem anscheinend anderen Baby. Irgendwann im Alter zwischen achtzehn und vierundzwanzig Monaten beginnen Babys zu verstehen, dass sie sich selbst im Spiegel anschauen. Um dieses Phänomen zu demonstrieren, malten Jeanne Brooks-Gunn und Michael Lewis Babys heimlich mit Schminke rote Flecken ins Gesicht. Wenn das Baby meint, dass das Bild im Spiegel ein anderes Kind ist, rufen die roten Flecken wenig Interesse hervor. Sobald es aber versteht, dass es sein eigenes Bild anschaut, beginnt es die roten Flecken im Spiegel zu berühren und zu untersuchen, weil es nun begreift, dass es sich um eine Abbildung von ihm selbst handelt.

Gordon Gallup, ein Psychologe der State University of New York in Albany, machte ein ähnliches Experiment mit Schimpansen. Zuerst stellte er einen großen Spiegel in deren gewohnten Käfig. Anfangs reagierte der Schimpanse so, als würde er ein anderes Individuum sehen, lernte aber mit der Zeit, dass es sich um sein eigenes Spiegelbild handelte. Als Nächstes betäubte Gallup den Schimpansen und malte ihm je einen roten Punkt über die Augenbrauen und über ein Ohr. Als der Schimpanse wieder aufwachte, zeigte er so lange kein Interesse an den Punkten, bis er sich selbst im Spiegel sah. Sobald er das Bild mit den roten

Punkten erblickte, begann er sich genauso zu benehmen wie Kinder, die wissen, dass sie ihr Spiegelbild anschauen: Er berührte seine Augenbraue und sein Ohr, während er sich aufmerksam im Spiegel betrachtete. Nach Meinung von Gallup bedeutet dieses Verhalten, dass der Schimpanse ein Ich-Bewusstsein hat. Er versteht, dass er ein Individuum ist und dass die Reflektion, die er sieht, ihn selbst abbildet.

Orang Utans, Gorillas und Delfine reagieren mit den gleichen Anzeichen für Selbst-Bewusstsein, wenn man ihnen ihre Spiegelbilder zeigt. Hunde und andere Spezies betrachten das Bild dagegen als ein anderes Tier oder ignorieren es ganz. Die Forscher zogen aus dem »Rote-Punkte-Test« bei Hunden den Schluss, dass diese kein Bewusstsein vom eigenen Ich besäßen. Man könnte aber natürlich auch schlussfolgern, dass die Hunde ihr Spiegelbild zwar schon erkennen, aber nicht so eitel sind und sich nicht so viel aus ihrem Aussehen machen wie höhere Primaten.

An der Universität von Colorado schlug der Biologe Marc Bekoff eine alternative Möglichkeit zur Interpretation dieser scheinbar negativen Ergebnisse vor. Er erkannte, dass Hunde sich von visuellen Ereignissen erheblich weniger beeinflussen lassen als Menschen und die meisten Affen. Vielleicht lagen die Probleme also in den Modalitäten der Sinneswahrnehmung, unter denen man das Ich-Bewusstsein von Hunden getestet hatte. Für Hunde ist der wichtigste Sinn nicht etwa das Sehen, wie für Affen, sondern das Riechen. Sie erkennen auf jeden Fall den Geruch bekannter Hunde und Menschen, und wenn sie ein Ich-Bewusstsein haben, sollten wir vielleicht eher fragen, ob sie ihren eigenen Geruch erkennen anstatt zu testen, ob sie ihr eigenes Spiegelbild erkennen. Anstelle des »Rote-Punkte-Tests« für Ich-Bewusstsein machte Bekoff also einen »Gelber-Schnee-Test«. Das Versuchsobjekt war sein eigener Hund Jethro, ein Mischling aus Rottweiler und Deutschem Schäferhund. Den cleveren, aber eher uneleganten Versuchsaufbau beschrieb er selbst so:

»Fünf Winter lang lief ich hinter Jethro her, schaufelte seinen gelben Schnee auf und legte ihn an anderen, sauberen Orten weiter unten am Weg wieder ab. Außerdem sammelte ich auch gelben Schnee von anderen Hunden und bewegte ihn. Dieses Experiment im Schnee zu machen hat einen echten Vorteil, weil dieser den Urin festhält und gut zu transportieren ist. Dass es fünf Winter lang dauerte, alle Daten zusammen zu bekommen, beweist, dass es sich um einen echten Liebesdienst an der Sache gehandelt hat.«

Das Bewegen des Schnees erledigte Bekoff immer dann, wenn Jethro sich an anderer Stelle des Weges befand und ihn nicht dabei sehen konnte. Das Testverfahren war ziemlich einfach: Bekoff beobachtete Jethro, wie er den Weg entlangkam, passte seine Ankunft ab und stoppte, wie lange er am Urinfleck schnüffelte und beobachtete, was er sonst noch so tat. Wie die meisten Hundebesitzer wahrscheinlich voraussagen würden, blieb der Hund an jedem Urinfleck stehen, beschnüffelte ihn und urinierte über den gelben Schnee der anderen Hunde darüber. Seinen eigenen Geruch schien Jethro allerdings zu erkennen, denn wenn er an seinen gelben Schnee kam, schnüffelte er viel kürzer daran, als er das an den Urinflecken der anderen Hunde tat und ging dann weiter.

Bekoffs Beobachtungen brachten ihn zu der Ansicht, dass Hunde zumindest in einigen Aspekten das gleiche Ich-Bewusstsein haben wie Menschen. Seiner Meinung nach haben sie einen Sinn von »Body-ness«, also ein Bewusstsein vom eigenen Körper – dass sie ihn und Teile von ihm besitzen, »meine Pfote«, »mein Gesicht« und so weiter. Außerdem haben sie »Mine-ness« oder den Sinn dafür, was ihnen gehört und was anderen – »mein Revier«, »mein Schlafplatz«, »mein Knochen« und so weiter. Was man aus diesen Daten nicht herauslesen kann, ist, ob Hunde auch ein dahingehendes Ich-Gefühl haben, das man am treffendsten mit dem berühmten Satz »Ich Tarzan, du Jane« beschreiben kann. Bisher wurde noch kein wissenschaftlicher Versuch zum Nachweis dieser Art des Ich-Bewusstseins bei Hunden entwickelt. Klar ist aber, dass es mit Spiegeln nicht funktioniert, weil Spiegelbilder keinen Geruch haben und deshalb für einen Hund nicht real oder wichtig genug sind, um ihnen viel Aufmerksamkeit zu schenken.

Können Hunde wirklich denken, und haben sie Gefühle?

Haben Hunde die gleichen Gefühle wie Menschen?

Die meisten Hundebesitzer können beim Anschauen ihres Hundes mit Leichtigkeit sagen, ob er glücklich, ärgerlich, ängstlich oder deprimiert ist. Der Gefühlszustand unserer Hunde scheint oft klar erkennbar zu sein. Für viele Menschen ist es deshalb schwer zu verstehen, dass die Existenz von Gefühlen bei Hunden je ein Thema wissenschaftlicher Kontroverse war (und an manchen Orten immer noch ist).

Es gab mehrere Faktoren, die dazu führten, dass man nicht an Gefühle bei Tieren glaubte. Der vielleicht wichtigste war, dass Wissenschaftler im sechzehnten und siebzehnten Jahrhundert lernten, dass Lebewesen aus Systemen bestünden, die chemischen und mechanischen Regeln folgten. Dies führte den französischen Philosoph und Wissenschaftler René Descartes zu der Behauptung, Tiere wie zum Beispiel Hunde seien nur eine Art von Maschine, die mit der biologischen Entsprechung von Schaltern und Seilzügen gefüllt seien. Diese Maschine denkt nicht, sondern kann dazu programmiert werden, bestimmte Dinge zu tun. Nicolas de Malebranche, der Descartes Ideen weiter ausbaute, fasste diese Auffassung zusammen, als er behauptete: »Tiere fressen ohne Vergnügen, schreien ohne Schmerzen und handeln, ohne es zu wissen: sie wünschen nichts, fürchten nichts und wissen nichts.«

Man könnte den Schlussfolgerungen dieser Theoretiker entgegenhalten, dass ein Hund ganz offensichtlich wütend wird, wenn man ihn angreift und dann knurrt oder schnappt, oder aber er bekommt Angst und läuft fort. Die Wissenschaftler aus der Zeit von Descartes und Malebranche sowie ihre Nachfolger würden sagen, dass der Hund einfach nur handelt und dabei nicht fühlt. Hunde sind darauf programmiert, nach Dingen zu schnappen, die sie bedrohen oder, wenn die Bedrohung zu groß ist, wegzulaufen. Weiter könnte man vorbringen, dass ein Hund doch vor Angst und Schmerzen aufjault, wenn man ihn tritt. Diese Wissenschaftler würden dann antworten, dass auch ein Toaster ein Geräusch macht, wenn man ihn tritt. Ist das dann ein Schmerzensschrei, der darauf schließen lässt, dass der Toaster Schmerzen hat? Ihr Argument wäre, dass Hunde genau wie Toaster einfach nur handeln und nichts fühlen.

Die Wissenschaft hat Fortschritte gemacht und heute wissen wir, dass Hunde über genau die gleichen Gehirnstrukturen verfügen, die beim Menschen für die Bildung von Gefühlen zuständig sind. Hunde haben die gleichen Hormone wie wir und unterliegen den gleichen chemischen Veränderungen während bestimmter Gefühlszustände. Sie besitzen sogar das Hormon Oxytocin, das beim Menschen für Liebe und Zuneigung zu anderen zuständig ist. Wenn also Hunde und Menschen über die gleiche Neurologie und Chemie verfügen, scheint es vernünftig anzunehmen, dass sie auch Gefühle haben, die den unseren ähneln. Trotzdem ist es wichtig, nicht gleich ins andere Extrem zu verfallen und davon auszugehen, dass die Bandbreite der Gefühle bei Hunden und Menschen exakt die gleiche sei.

Der Schlüssel zum Verständnis der Gefühle bei Hunden liegt in der Forschung am Menschen. Nicht alle Menschen können die ganze Bandbreite an Gefühlen erleben. Bei Kleinkindern zum Beispiel ist sie noch sehr begrenzt. Sie beginnt sich erst mit der Zeit zu differenzieren und zu entwickeln, sodass Menschen als Erwachsene ein ziemlich großes Repertoire an Gefühlserlebnissen haben. Wie wir später noch sehen werden, nimmt die Forschung an, dass der Verstand eines Hundes ungefähr dem eines zwei oder zweieinhalb Jahre alten Kindes entspricht. Ein Kind in diesem Alter hat ganz klar Gefühle, aber möglicherweise eben noch nicht alle.

Die Illustration zeigt die Entwicklung der Gefühle beim Menschen während der ersten fünf Lebensjahre.

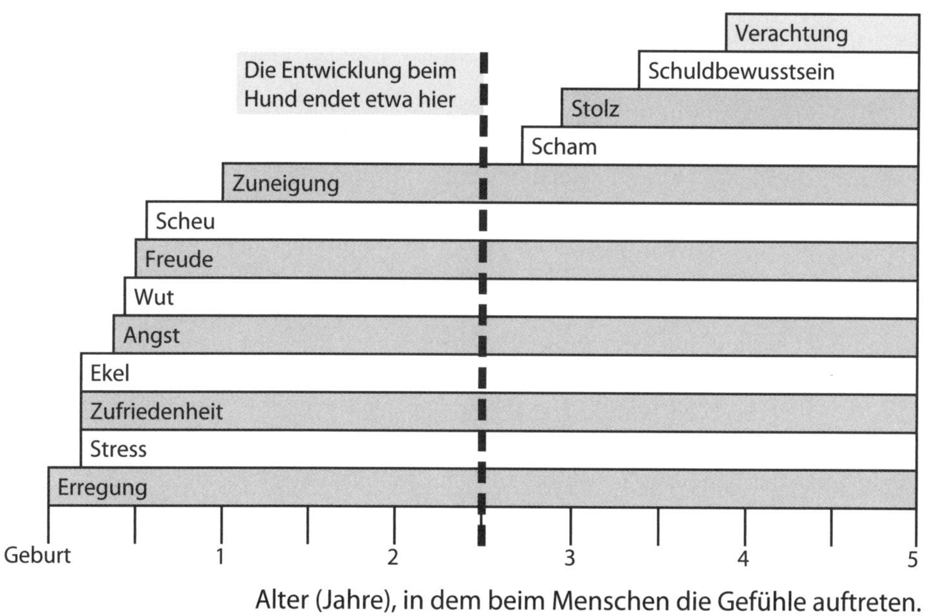

Bei der Geburt hat ein Kleinkind nur ein einziges Gefühl, das wir vielleicht als Erregung bezeichnen könnten. Der Erregungszustand kann von niedrig (sehr ruhig) bis hoch (sehr aufgeregt) reichen. Während der ersten Lebenswochen nimmt der Erregungszustand einen positiven oder negativen Geschmack an, sodass nun die Gefühle Zufriedenheit und Leiden erkennbar werden. Im Lauf der nächsten Monate treten auch Ekel, Angst und Wut zutage. Freude zeigt sich oft erst, wenn das Kind an die sechs Monate alt ist, gefolgt von Scheu oder Argwohn. Echte Zuneigung von der Art, die man als »Liebe« bezeichnen könnte, tritt erst im Alter von neun oder zehn Monaten voll zutage. Komplexe Gefühle – solche mit Elementen, die gelernt werden müssen – treten erst später auf. Scham und Stolz brauchen fast drei Jahre, um ans Licht zu kommen, während Schuldbewusstsein nochmals sechs Monate später auftritt. Und fast vier Jahre muss ein Kind alt sein, bevor es auch Verachtung empfinden kann.

Diese Entwicklungssequenz ist der Schlüssel zum Verständnis der Gefühle bei Hunden. Hunde durchlaufen ihre Entwicklungsstadien viel schneller als Menschen und erreichen all die Gefühle, zu denen sie jemals fähig sein werden, bis zum Alter von etwa vier bis sechs Monaten (je nach Schnelligkeit der Entwicklung ihrer Rasse).

Wir wissen aber, dass die Hunden zur Verfügung stehende Bandbreite an Gefühlen nicht über das hinausgeht, was einem Menschen im Alter von zweieinhalb Jahren zur Verfügung steht. Das bedeutet, dass ein Hund über alle Grundgefühle verfügt: Freude, Angst, Wut, Ekel und sogar Liebe. Die komplexeren sozialen Gefühle wie Schuldbewusstsein, Stolz oder Scham hat er dagegen nicht.

Vielleicht werfen Sie jetzt ein, dass Ihr Hund sehr wohl schon einmal deutliches Schuldbewusstsein gezeigt hat.

Im üblichen Szenario kommen Sie nach Hause und Ihr Hund beginnt, umherzuschleichen und sich sichtlich unwohl zu fühlen, bis Sie ein stinkendes braunes Häufchen auf dem Küchenboden finden. Da liegt natürlich die Annahme nah, dass das Verhalten des Hundes auf Schuldbewusstsein wegen seiner Regelübertretung schließen lässt. Hierbei handelt es sich aber nicht um Schuld, sondern einfach das grundlegendere Gefühl von Angst. Der Hund hat gelernt, dass ihm Schlechtes geschieht, wenn Sie kommen und seine Hinterlassenschaften in der Wohnung liegen. Was Sie sehen, ist die Angst Ihres Hundes vor Bestrafung; Schuldbewusstsein wird er dagegen nie empfinden.

Sie können Ihrem Hund auch ohne schlechtes Gewissen ein albernes Partykostüm anziehen: Er wird keine Scham empfinden, egal, wie albern er aussieht. Er wird sich auch nicht stolz fühlen, dass er diese extravagante Ausstattung tragen darf. Was Ihr Hund aber sehr wohl empfinden kann, ist Liebe für Sie und Zufriedenheit, wenn Sie in der Nähe sind.

Bestimmt die Genetik die Persönlichkeit eines Hundes?

Psychologen benutzen das Wort »Persönlichkeit« zur Bezeichnung derjenigen Merkmale beim Menschen, die uns Vorhersagen dazu erlauben, wie diese in verschiedenen Situationen reagieren, fühlen und sich verhalten werden. Manche Wissenschaftler sprechen aber nicht gerne von »Persönlichkeit«, wenn es um Tiere anstatt Menschen geht. Stattdessen benutzen sie eher den Begriff »Temperament« oder speziell bei Hunden »Wesen«. Auch wenn die Durchschnittsperson wenig Unterschied zwischen beidem sieht, so suggeriert eine andere Etikettierung aber, dass es erhebliche qualitative Unterschiede zwischen dem Verhalten von Menschen und Tieren gibt.

Was genau ist denn Persönlichkeit, und was führt zu den Unterschieden in den Persönlichkeiten Hunde verschiedener Rassen oder sogar innerhalb einer Rasse? Die Biologie lehrt uns, dass zwei Hauptkomponenten dazu beitragen, aus uns das zu machen, was wir sind: Die Genetik und die Umwelt. Bei Hunden ist ein großer Teil der Persönlichkeit durch ererbte Gene bestimmt.

An der Universität von Berkeley, Kalifornien, erforschte Jasper Rine im Rahmen des Hunde-Genomprojekts, in dem man den genetischen Code von Hunden aufzeichnete, inwiefern die Persönlichkeit von Hunden von Genen gesteuert wird. Rine begann seine Forschungen mit einem Border Collie namens Gregor (benannt nach Gregor Mendel, dem Mönch, der im 19. Jahrhundert die ersten Gesetze zur Vererbung aufgestellt hatte) und einer Neufundländerhündin namens Pepper (wegen ihrer schwarzen Farbe). Beide wurden miteinander verpaart.

Rine wählte Border Collies und Neufundländer nicht nur deshalb, weil sie sich körperlich unterschieden, sondern auch wegen ihrer sehr unterschiedlichen Persönlichkeiten. Neufundländer sind entspannte und anhängliche Hunde, die ihre Menschen beschützen, ihnen gegenüber sehr loyal sind und sich nicht leicht von Geräuschen erschrecken oder Geschehnissen um sie herum ablenken lassen. Sie sind nicht übermäßig aktiv und gehen lieber, als dass sie laufen. Border Collies sind ziemlich genau das Gegenteil. Sie sind zwar auch freundlich, legen aber viel mehr Wert auf ihre Arbeit als auf die Menschen um sie herum. Sie sind ernsthaft und konzentriert, lassen sich aber schnell von plötzlichen Ereignissen um sie herum aus der Ruhe bringen.

Wenn Sie einen Raum betreten, stupst ein Neufundländer Sie wahrscheinlich an und wirbt um ihre Aufmerksamkeit und Zuneigung, während ein Border Collie ihr Kommen wahrscheinlich eher mit einem Blick zur Kenntnis nimmt und sich dann wieder dem Hüten der Katze zuwendet, das er zu seiner Aufgabe gemacht hat.

Die Welpen von Gregor und Pepper (die sogenannte F1-Generation) wurden Persönlichkeitstests unterzogen. Die fünf Indikatoren, die im Projekt überprüft wurden, waren 1) Verlangen nach Aufmerksamkeit, 2) Bellen aus Aufregung, 3) Schreckreaktion, 4) Verträglichkeit mit anderen Hunden und 5) Wahrscheinlichkeit zum Zeigen von »Eye« – einem Dominanzverhalten durch Anstarren, das bei Border Collies besonders stark ist und das sie verwenden, um Kontrolle über andere Tiere und Menschen auszuüben.

Im Allgemeinen lagen die Welpen irgendwo in der Mitte zwischen ihren Eltern – sie waren anhänglicher und entspannter als ihr Border Collie-Vater, aber ernsthafter und erregbarer als ihre Neufundländer-Mutter. Wenn man dann aber die Hunde der F1-Generation miteinander verpaarte, um die sogenannte F2-Generation zu erhalten, begannen sich die Persönlichkeitsmerkmale auf unvorhersehbare Art und Weise auseinander zu sortieren. Einer der F2-Welpen war zum Beispiel sehr zuneigungsbedürftig und nicht schreckhaft (beides typische Neufundländer-Merkmale), aber nicht sehr gesellig im Umgang mit anderen Hunden, bellte selten und wendete oft den Drohblick an (typische Border Collie Merkmale). Was das Bellen betraf, so war es wie schon bei den Eltern ein Mittelding zwischen den typischen Merkmalen der Großeltern, dem Border Collie und dem Neufundländer.

Die 23 Mitglieder der F2-Generation zeigten jede nur denkbare Kombination der Persönlichkeitsmerkmale ihrer Großeltern. Bei ihren Eltern aus der F1-Generation waren diese ja eher typische Mittelwerte gewesen. Mit der Neukombination der Gene tauchten aber einige rassetypische Merkmale wieder in erkennbarer Form und Stärke auf, allerdings in Kombinationen, die bei den reinrassigen Großeltern nie beobachtet werden konnten.

Diese Forschungsarbeit beweist nicht nur, dass die Persönlichkeit durch Gene bestimmt wird, sondern hat auch Implikationen für die Züchter sogenannter »Designer Dogs« wie Labradoodles oder Cockapoos. Wenn das Ziel zum Beispiel darin besteht, einen Hund mit den gemischten Merkmalen von Pudel und Cocker Spaniel zu schaffen, so werden diese nur in der ersten Kreuzungsgeneration zuverlässig auftreten. Nachfolgende Generationen können sowohl in Temperament als auch in körperlichen Merkmalen unvorhersehbar sein.

Warum sind manche Hunde so nervös und ängstlich?

Allie war ein Zwergspitz und so mutig und selbstbewusst, wie man es von einem Hund dieser Größe nur erwarten kann – zumindest so lange, bis man einen Toaster hervorholte, eine Scheibe Brot hineinsteckte und sie herunterdrückte. Diese einfache Handlung führte dazu, dass der Hund seine Ohren flachlegte, winselte und losrannte, um sich zu verstecken. Ein Psychologe würde sagen, dass Allie eine extreme Angst oder Phobie im Zusammenhang mit dem Toaster entwickelt hatte. Das ist zwar ein merkwürdiger Gegenstand, um Angst davor zu haben, aber viele Hunde entwickeln Phobien, die mit den verschiedensten Dingen verknüpft sind. Am häufigsten finden wir Hunde, die Angst vor lauten Geräuschen haben, so wie Gewittern oder Feuerwerk. Es gibt aber auch Hunde, die Angst vor Kindern, Männern, dem Autofahren, Treppensteigen oder sogar so esoterischen Dingen wie Schmetterlingen oder flimmernden Schatten entwickeln. Die Anzeichen dafür, dass ein Hund Angst erlebt, zeigen sich in der Körpersprache durch zurückgestellte Ohren, einen zwischen die Hinterbeine abgesenkten Schwanz, Niederkauern, geducktes Schleichen, Gähnen, aufgestellte Nackenhaare, Zittern, Speicheln oder Hecheln. Möglicherweise drückt sich der Hund auch an den Besitzer, winselt und weint oder verliert sogar Urintröpfchen. In extremen Fällen kann der Hund Stressverhalten wie rastloses Umherlaufen, Zerbeißen von Gegenständen oder Knurren und Schnappen nach Personen zeigen, vor denen er Angst hat oder sogar nach seinem Besitzer und anderen Familienmitgliedern.

Auch wenn manche Hunde mit einer genetischen Prädisposition für Angst geboren werden, sind die meisten bei Hunden vorkommenden Ängste durch Erfahrungen bedingt, die sie irgendwann im Leben gemacht haben oder auch zu entscheidenden Zeiten ihrer Entwicklung eben nicht gemacht haben. Der vielleicht wichtigste Einzelfaktor dafür, ob sich Ihr Hund zu einem selbstbewussten oder ängstlichen Tier entwickelt, ist die frühe Sozialisation.

Sozialisation ist ganz einfach der Prozess, während dem ein junger Hund Erfahrungen mit verschiedenen Menschen, Orten und Situationen sammelt. Das Zeitfenster zur Sozialisation eines Hundes ist dabei ziemlich kurz. Ab dem Alter von acht Wochen beginnen Welpen, fremden Menschen gegenüber Scheu und Misstrauen zu zeigen – dieser Tendenz muss entgegengewirkt werden, bevor die Welpen das Alter von vierzehn Wochen erreicht haben. Ein zweites Fenster öffnet sich im Alter zwischen fünf und acht Monaten, wenn Hunde ängstlich gegenüber Fremden werden und oft bestimmte Gruppen wie etwa Kinder oder Männer zum Ziel ihrer Angst machen. Dieser Zustand verschlimmert sich schnell und kann zu Aggression werden. Werden solche Ängste nicht im Ansatz bekämpft, haben Sie möglicherweise letzten Endes einen Hund, dessen Leben so von Angst und Stress gekennzeichnet ist, dass er als Arbeits-, Sport oder Wachhund oder vielleicht sogar als einfacher Familienhund ungeeignet ist.

Scheue und ängstliche Hunde können zwar bis zu einem gewissen Maß rehabilitiert werden, was aber viel Arbeit bedeutet. Und sie werden nie so zuverlässig sein wie ein gut sozialisierter Hund. Zum Glück ist der Sozialisationsprozess aber recht einfach und angenehm. Die Idee besteht darin, den Hund auf gefahrlose und fröhliche Art und Weise mit allen möglichen verschiedenen Menschen bekannt zu machen – mit Fremden, Männern mit Bärten, Kindern, Brillenträgern, Rauchern, alten Menschen, kranken Menschen, am Stock gehenden Menschen, Taschen tragende Menschen und so weiter und so fort. Außerdem sollte der Welpe verschiedene Örtlichkeiten kennen lernen, verschiedene Räume, gepflasterte Straßen, Parkplätze, öffentliche Gebäude, Tankstellen und alles andere, was ihm vermutlich im späteren Leben wieder begegnen wird. Viele Leckerchen, Streicheln, fröhliches Sprechen und die Begegnung mit freundlichen Menschen werden dazu führen, dass der Hund solche Übungen gerne mitmacht. Die Schnelligkeit, mit der diese neuen Erfahrungen gespeichert werden, kann sich ab dem Alter von etwa achtzehn Wochen zwar verringern, Sie sollten aber trotzdem nicht damit aufhören, sie den Hund machen zu lassen, bis auch das zweite Zeitfenster geschlossen ist – sprich im Alter von etwa neun Monaten bis zu einem Jahr.

Der Entstehung von Ängsten durch Sozialisation vorzubeugen ist zwar die Idealsituation, aber es gibt immer auch die Möglichkeit, dass ein späteres traumatisches Ereignis das Auftreten von Angst oder Phobie verursacht. Das scheint im Fall von Allie und ihrer Angst vor Toastern der Fall gewesen zu sein. Wie sich herausstellte, war ihr Besitzer gerade eines Tages dabei gewesen, das Frühstück zuzubereiten und hatte gerade den Toaster heruntergedrückt, als ein Handwerker, der bei der Renovierung des Hauses half, eine größere Menge Baumaterial auf der Einfahrt gleich neben dem Küchenfenster abkippte, was ein lautes und furchterregendes Scheppern verursachte. Von diesem Moment an versetzten das Geräusch des Toasters und der Geruch gerösteten Brots Allie in Panik.

Was können Sie tun, wenn Ihr Hund schon eine Angstreaktion oder Phobie entwickelt hat? Die natürlichste Reaktion ist, Hunde ganz ähnlich zu behandeln, wie wir es auch mit verängstigen kleinen Kindern machen würden – nämlich sie zu trösten. Bei Hunden ist dies allerdings genau die falsche Reaktion. Einen ängstlichen Hund zu streicheln wirkt wie eine Belohnung für das Verhalten, fast so, als würden wir dem Hund mitteilen, dass es in dieser Situation richtig ist, sich so zu verhalten. Eine solche Behandlung kann sogar bewirken, dass der Hund beim nächsten Mal noch ängstlicher reagiert.

Für schwere Fälle von Ängstlichkeit und Angst gibt es heute eine Reihe von Medikamenten, die den Hund beruhigen und seinen Gefühlszustand dämpfen können. Bei der Angst eines durchschnittlichen Hundes ist es aber oft das Beste, sie zu ignorieren und sich so normal wie möglich zu verhalten. Nehmen wir zum Beispiel an, Ihr Hund hat Angst vor Gewittern. Wenn er bereits die Grundkommandos gelernt hat, kann das Anlegen der Leine und Durchführen ein paar simpler Gehorsamsübungen ihm zeigen helfen, dass alles ganz normal ist. Belohnen Sie den Hund mit Leckerchen, Streicheln oder Lob, so, wie Sie es auch ursprünglich am Anfang des Trainings gemacht haben. Vielleicht ist er anfangs verwirrt darüber, dass Sie das Gewitter, das ihm so Angst macht, einfach zu ignorieren scheinen, aber letzten Endes wird er entscheiden: Wenn Sie, der Anführer seines Rudels, sich wegen der Situation keine Sorgen machen, ist alles in Ordnung und seine Angst ist unbegründet.

Wie erkennt man, ob ein Hund aggressiv ist?

Der freundliche Hund, der vielleicht gerade zu Ihren Füßen oder auf dem Sofa ruht, trägt ein düsteres und gefährliches Erbe in sich. In ihrer evolutionären Vergangenheit waren Hunde Raubtiere, die für ihr Überleben jagten und töteten. Ihre starken Kiefer und ein Fang voller Zähne halfen ihnen dabei. Die gleichen Waffen konnten auch im sozialen Kontext eingesetzt werden, um zu zeigen, wer der Boss war oder der Besitzer begehrter guter Dinge. Zwar haben wir die aggressiven Neigungen der Hunde im Lauf der Domestikation heruntergedreht, aber manche lassen sich unter bestimmten Umständen in diese primitiven Verhaltensmuster zurück provozieren.

Haushunde sind so gezüchtet, dass sie einen guten Grund zum Beißen haben müssen, bevor sie auf diese Art von Verhalten zurückgreifen und nur eine begrenzte Anzahl von Gründen löst diese Reaktion bei ihnen aus. Als Erstes müssen Sie verstehen, dass die vorrangige Absicht von Aggression in sozialen Situation nicht darin besteht, andere zu verletzen und ihnen Schaden zuzufügen, sondern vielmehr darin, das Verhalten eines anderen Lebewesens zu verändern. Aus diesem Grund signalisieren Hunde ganz klar ihre Aggression, bevor sie handeln. Die Idee dabei ist, dass die Drohung alleine ausreichen soll, um das Verhalten zu verändern. Tatsächliches Beißen findet also nur dann statt, wenn die aggressiven Signale ignoriert wurden. Die Signale, die eine aggressive Drohung anzeigen, sind

- Direkter, verlängerter Blick
- Aufgestellte Nackenhaare
- Knurren
- Zähne zeigen
- Krümmen des Körpers
- Steifer Gang
- Schwanz entweder eingezogen oder sehr hoch über dem Rücken getragen und aufgeplustert
- Bei Hunden mit Stehohren: zur Seite abgesenkte Ohren, sodass diese aussehen wie ein weites »V« oder Flugzeugflügel

Viele Hundebesitzer sind vielleicht überrascht, solche Verhalten in trivialen Situationen zu sehen, zum Beispiel dann, wenn der Hund ein Paar Socken oder ein Plüschspielzeug verteidigen möchte. Bei Welpen werden solche Zeichen leicht übersehen, aber das spielerische Knurren und Schnappen, das beim Welpen vielleicht als niedlich empfunden wird, kann zu einem größeren Problem eskalieren, wenn der Hund erwachsen wird. Und zwar deshalb, weil aggressive Verhalten, wenn sie sich erst einmal entwickelt haben, nicht mehr von selbst verschwinden. Hunde lernen schnell, dass sie durch den Einsatz von Aggression das bekommen können, was sie möchten oder sich in stressigen Situationen schützen können. Wir Menschen müssen das Problem lösen, aber dazu müssen wir zuerst einmal erkennen, dass es sich um Aggression handelt, wenn das Verhalten auftritt.

Bevor Sie in Panik geraten, ist es wichtig zu fragen, wie ernst die Gefahr wirklich ist, von Ihrem Hund gebissen zu werden. Glaubt man den Zeitungs- und Fernsehberichten, kommen Hundebisse in geradezu epidemischem Ausmaß vor und es sterben mehr Menschen durch ihre verrückt gewordenen Hunde als in Kriegseinsätzen. An Statistiken über Hundebisse zu kommen ist ziemlich schwierig, aber es gibt eine Art von Hundebissen, die von Gesetz wegen auf jeden Fall aufgezeichnet werden muss: die mit Todesfolge. Eine Studie untersuchte einmal einen Zeitraum von neunzehn Jahren und hatte herausgefunden, dass während dieser ganzen Zeit in den USA 238 Menschen infolge von Hundebissen zu Tode gekommen waren – durchschnittlich 12 pro Jahr. Es ist fast acht Mal wahrscheinlicher, von einem Blitz erschlagen zu werden (90 Tote pro Jahr), 26 Mal wahrscheinlicher, in der eigenen Badewanne zu ertrinken (322 pro Jahr), 49 Mal wahrscheinlicher, in einem Swimming Pool zu ertrinken (596 pro Jahr) und 66 Mal wahrscheinlicher, tödlich mit dem Fahrrad zu verunglücken (795 pro Jahr), als durch einen Hundebiss ums Leben zu kommen. Offensichtlich befinden sich Hundebisse also recht weit hinten auf der Liste möglicher Todesursachen.

Warum dann die Medienaufregung über »gefährliche Hunde«? Ein mir bekannter Journalistik-Professor, der seinen Namen nicht genannt haben möchte, erklärte es mir einmal so: »Gute Nachrichten verkaufen sich nicht gut. Oder glauben Sie, mit der Schlagzeile ›Hund bringt Besitzer zum Lächeln und Glücklichsein‹ könnten Sie eine Zeitung verkaufen? Die Regel, die wir angehenden Journalisten beibringen, ist: ›Blut macht Auflage‹, und man könnte noch hinzufügen: ›Hunde erheben keine Anklage wegen übler Nachrede‹«.

Sind manche Hunde aggressiver als andere?

Ist Ihr Hund eine potenziell tödliche Waffe? Immer wenn die Medien berichten, dass jemand schlimm von einem Hund gebissen wurde, stellen sich viele Menschen diese Frage. Insbesondere macht sich die Öffentlichkeit heute Sorgen darüber, dass bestimmte Hunderassen »böse« seien oder man sie zumindest nicht gefahrlos in der Stadt halten könne.

Die Überlegung dabei ist, dass Hunde ja für verschiedene Zwecke gezüchtet wurden und dass manche Rassen wie etwa Dobermänner oder Deutsche Schäferhunde auf Wach- und Schutzeigenschaften hin selektiert wurden. Weil die Hunde in dieser Art von Dienst im Notfall auch Täter beißen müssen, besteht die Sorge, dass sie dazu neigen könnten, auch Unschuldige zu beißen.

Statistiken zu Hundebissen zusammenzustellen ist etwas schwierig. Viele Bisse sind harmlos, wie zum Beispiel von einem übereifrigen Hund, der seinem Besitzer beim Verabreichen eines Leckerchens ein Loch in den Daumen gestanzt hat. Andere sind ernster, können aber zuhause behandelt werden. Von den Bissen, die tatsächlich ärztliche Behandlung erfordern, sind viele nicht in gesperrten Datenbanken verzeichnet und für die Wissenschaft deshalb verloren. Und selbst wenn sie registriert werden, ist die Rasse des Hundes oft nicht verzeichnet.

Das US-amerikanische Zentrum für Verletzungsprävention hat sich jedoch Aufzeichnungen über Todesfälle infolge von Hundebissen über einen Zeitraum von mehreren Jahrzehnten hinweg angesehen und klare Trends herausgefunden. Die Tatsache, dass eine bestimmte Rasse sich weit oben auf der Liste der Problemhunde findet, muss jedoch nicht unbedingt bedeutsam sein. Natürlich sind beliebte und häufig vertretene Rassen auch bei jedem möglichen Problem vorne mit dabei, weshalb man unbedingt die Gesamtzahl der Hunde pro Rasse mitberücksichtigen muss. Dann kommt heraus, dass einige Rassen im Verhältnis zu ihrer Kopfzahl erheblich weniger in tödliche Beißattacken verwickelt sind. Lässt man einmal diejenigen Rassen beiseite, die einfach zu klein sind, um ernste Schäden zu verursachen, sind die vier Hunderassen mit der geringsten Wahrscheinlichkeit, an solchen Vorfällen beteiligt zu sein, obwohl sie die nötige Beißkraft dazu hätten, die folgenden (beginnend mit der niedrigsten proportionalen tödlichen Beißfrequenz):

- Labrador Retriever
- Dackel

- Golden Retriever
- Bulldog

Es ist gut möglich, dass die anhaltende Beliebtheit von Labrador und Golden Retrievern als Familienhunden auch teilweise daher kommt, dass sie so ungefährlich sind.

Die Daten zeigen aber auch, dass manche Hunderassen mit größerer Wahrscheinlichkeit töten als andere, wobei Pitbulls, Staffordshire Bullterrier und American Staffordshire Terrier unter den für tödliche Beißunfälle verantwortlichen Rassen erheblich öfter vorkommen. Die US-amerikanische Statistik für tödliche Beißunfälle zeigt, dass die folgenden acht Rassen (beginnend mit der gefährlichsten) für den größten Teil dieser tragischen Aggressionsfälle verantwortlich sind:

1. Pitbulls und Hunde von ähnlichem Typus
2. Rottweiler und deren Mischlinge
3. Malamutes und Huskys oder Hunde ähnlichen Typs
4. Wolf-Hund-Hybriden
5. Chow Chows
6. Akitas
7. Deutsche Schäferhunde
8. Dobermann Pinscher

Dies heißt natürlich nicht, dass jeder Hund dieser Rasse ein geborener Mörder ist, genauso wenig, wie wir dafür garantieren können, dass kein Hund aus der Gruppe der weniger aggressiven Rassen je beißen wird. Alles, was die Wissenschaft uns liefern kann, sind Wahrscheinlichkeiten: Ob ein Golden Retriever oder Rottweiler aggressiv ist, hängt davon ab, wer sein Besitzer ist, wie der Hund aufgezogen und sozialisiert wurde und wie er trainiert und in die menschliche Gesellschaft integriert wurde. Es gibt liebenswürdige Rottweiler und eklige Golden Retriever auf der Welt, und die Menschen müssen Verantwortung sowohl für die guten als auch die schlechten Seiten übernehmen.

Diese Studie zeigt zwar einerseits, dass die Rassezugehörigkeit schon eine Rolle spielt, fand aber auch, dass andere Faktoren ebenfalls wichtig sind – wie zum Beispiel Geschlecht und Geschlechtsstatus. Rüden bissen mit 6,2 Mal höherer Wahrscheinlichkeit tödlich zu, und unkastrierte Hunde 2,6 Mal öfter als kastrierte.

Wer das Opfer war und was es tat, spielt ebenfalls eine Rolle. Traurigerweise handelt es sich bei über der Hälfte der Beißopfer um Kinder im Alter von unter zwölf Jahren. Bei vielen dieser Vorfälle hatten die Opfer selbst allerdings auch Anteil an der Tragödie. In 53 Prozent der tödlichen Hundebisse gab es Hinweise darauf, dass der Hund zuvor durch Schlagen, ins Auge pieksen, Bewerfen mit Gegenständen oder ähnlichem provoziert worden war.

Auch das Verhalten des Hundebesitzers ist wichtig. Angekettete oder in einem kleinen Hof gehaltene Hunde sind mit drei Mal höherer Wahrscheinlichkeit zu tödlichen Bissen bereit. Eine wichtige Statistik, die bestätigt, welch große Rolle der Besitzer für das Verhalten des Hundes spielt, besagt, dass 88,8 Prozent der Hunde, die bissen, zuvor niemals ein Gehorsamstraining absolviert hatten.

Empfinden Hunde Eifersucht und Neid?

Eifersucht und Neid sind übliche menschliche Gefühle in sozialem Kontext. Man könnte sagen, dass es sich dabei um die Kunst handelt, die Vorzüge zu zählen, die andere genießen, anstatt der eigenen. Manche Menschen glauben, dass Hunde solche Gefühle nicht hätten. Ein Schlittenhundesportler, den ich einmal bei Dawson City traf, war da anderer Meinung. Er machte gerade sein Team zum Anschirren fertig und seine Hunde liefen aufgeregt, aber freundlich umher. Ich streckte die Hand aus, um einen hübschen, blauäugigen Siberian Husky zu streicheln, als mich der Musher warnte: »Wenn Sie einen streicheln, müssen Sie alle streicheln. Die werden sonst richtig eifersüchtig. Wenn sie der Meinung sind, dass einer von ihnen mehr von irgendetwas bekommt – Zuneigung, Futter oder was auch immer – verwandeln sie sich in grünäugige Monster.«

Ungleichheiten gibt es in allen sozialen Situationen, und manche Individuen schneiden einfach besser ab als andere, wenn es um lohnenswerte Dinge geht. Wissenschaftler teilen Gefühle gern in zwei Kategorien ein: in primäre und sekundäre Gefühle. Die »primären Gefühle« wie Angst, Wut, Ekel, Freude oder Überraschung werden als universell betrachtet. Die »sekundären Gefühle« wie Schuldbewusstsein, Scham, Eifersucht und Neid erfordern jedoch, so nimmt man an, komplexere kognitive Vorgänge. Im Fall von Neid zum Beispiel müssen Sie aktiv darauf achten, was der andere bekommt und es damit vergleichen, was Sie für Ihre Bemühungen bekommen. Man konnte zwar klare Beispiele für Eifersucht und Neid bei Primaten wie Schimpansen oder Pavianen beobachten, argumentierte aber, dass diese beiden Gefühle bei einem Tier wie dem Hund höchstwahrscheinlich nicht vorkämen, weil sie ein Ich-Bewusstsein von einem Niveau voraussetzten, das man Hunden bis vor Kurzem noch nicht zugestand. Menschen, die mit Hunden zusammen leben, beobachten sie aber häufig bei ihren Tieren.

Eine häufig beobachtete Manifestation von Eifersucht bei Hunden ergibt sich aus der komplexen Beziehung zwischen einer Mutterhündin, ihren Welpen und dem Besitzer. Im Gegensatz zum Menschen behält eine Hündin den Mutterinstinkt für ihre Kinder nicht ihr ganzes Leben lang. Sobald die Welpen alleine überlebensfähig sind, wird ihr Mutterinstinkt für den aktuellen Wurf schwächer und geht ganz verloren, wenn sie in die nächste Hitze kommt. Welpen sind natürlich sehr süß und niedlich, weshalb sie von allen Menschen im Haus viel Zuneigung bekommen. Gut informierte Hundebesitzer versuchen möglicherweise, alle Hunde mit der gleichen Aufmerksamkeit zu bedenken, aber meistens haben diese Bemühungen keinen Erfolg. Die Mutterhündin sieht, wie ihr Besitzer seine Aufmerksamkeit von ihr ab- und den Welpen zuwendet und wird eifersüchtig. Als Reaktion darauf kann sie möglicherweise die Welpen zu ignorieren beginnen und versuchen, sie aus dem mütterlichen Nest auszuschließen. Dieses Verhalten kann bis zu einem Punkt eskalieren, an dem sie den Welpen oder sogar dem Besitzer gegenüber aggressiv wird.

Es ist merkwürdig, dass Verhaltensforscher solche üblichen Beobachtungen oft einfach ignorieren. Dabei ist allgemein anerkannt, dass Hunde über ein breites Spektrum an Gefühlen verfügen. Sie sind ganz sicher soziale Lebewesen, und Neid und Eifersucht werden nun einmal durch soziale Interaktionen ausgelöst. Hunde haben außerdem das gleiche Hormon, nämlich Oxytocin, das bei Tests an Menschen nachgewiesenermaßen sowohl an Liebe als auch an Eifersucht beteiligt war.

An der Universität Wien versuchte Dr. Friederike Range herauszufinden, ob zwei Hunde in einer Situation Eifersucht zeigen würden, wenn beide die gleiche Aufgabe ausführten, aber nur einer von ihnen dafür belohnt werden würde. Alle Hunde hatten den einfachen Trick »Gib Pfote« gelernt. Für den Versuch wurden die Hunde paarweise gruppiert und nebeneinander gesetzt. Dann bekamen beide jeder für sich das Kommando »Gib Pfote«, aber nur einer von ihnen bekam eine Belohnung. Wenn Hunde Neid oder Eifersucht empfinden können, war zu erwarten, dass der unbelohnte Hund mit Leistungsverweigerung auf diese unfaire Verteilung von Belohnungen reagieren müsste. Und genau das passierte auch. Der Hund, der für seine Leistung keine Leckerchen bekam, hörte schon bald auf, den Trick zu zeigen. Außerdem zeigte er klare Anzeichen von Stress und Ärger, wenn sein Partner eine Belohnung bekam.

Nun könnte man einwenden, dass dieses Verhalten noch kein Beweis für Eifersucht sei. Es könnte ja gut sein, dass der nicht belohnte Hund deshalb nicht mehr auf das Kommando reagierte, weil alle unbelohnten Verhalten aufgrund des als »Löschung« bezeichneten Vorgangs irgendwann verschwinden. Um sicher zu sein, dass es wirklich die Interaktion zwischen den beiden Hunden war, die hier eine Rolle spielte und nicht nur die Frustration darüber, nicht belohnt zu werden, wurde noch ein ähnliches Experiment durchgeführt: Jeder Hund zeigte die Aufgabe ohne einen Partner, aber ebenfalls ohne Belohnung. Unter diesen Umständen gaben die Hunde ihre Pfote wesentlich länger und zeigten auch nicht die gleichen Anzeichen von Frustration und Ärger wie im Versuch zuvor.

Eine Sache, die aus dieser Studie klar wurde, war die Tatsache, dass Eifersucht und Neid beim Hund nicht so komplex wie beim Menschen sind. Wenn Menschen sich in Situationen befinden, in denen es um soziale Konkurrenz geht, wird jeder Aspekt der Belohnung sorgfältig abgewogen, um festzustellen, wer das beste Ergebnis erzielt. Hunde betrachten diese Situation nicht durch die gleiche Brille. Dieser Unterschied wurde deutlich, als die Forscher den Versuchsaufbau leicht abänderten.

Wieder saßen zwei Hunde nebeneinander vor dem Versuchsleiter und nacheinander bekam jeder das Kommando zum Pfotegeben. Beide Hunde wurden für diese Aktivität belohnt, aber der eine von ihnen bekam eine sehr begehrte Belohnung (ein Stück Wurst), während der andere etwas weniger Leckeres bekam (ein Stück Brot). Auf den Menschen übertragen wäre dieses Szenario ungefähr damit vergleichbar, dass zwei Angestellte einer Firma die gleiche Leistung zeigen und der eine als Anerkennung dafür ein helles, modernes Eckbüro bekommt, während der andere ein kleineres, dunkles Büro am Ende des Flurs bezieht. Hier wäre ganz klar zu erwarten, dass die weniger begünstigte Person Neid und Eifersucht empfindet. Im Fall der Hunde dagegen arbeiteten beide gleichermaßen weiter, obwohl einer von ihnen eine bessere Belohnung bekommen hatte, und schienen mit der Situation zufrieden zu sein. Dies bedeutet, dass Hunde ein Bewusstsein für »Fairness« haben (ob jeder für seine Bemühungen belohnt wird), aber nicht für »Gleichbehandlung« (ob die Belohnungen dafür gleich gut sind).

Können Hunde wirklich unter Depressionen leiden?

Wie wir gesehen haben, können Hunde zwar die grundlegenden Gefühle empfinden, aber es steht noch die Frage im Raum, ob sie unter psychologischen Erkrankungen leiden können, die von extremem Gefühlszuständen geprägt sind. Wie zum Beispiel unter einer Depression.

Es war in den frühen 1980er Jahren, als Nicholas Dodman von der Cummings School für Veterinärmedizin an der Tufts University neben einem Kollegen stand und einen Hund namens Max anschaute, der in die Klinik für Tierverhaltenstherapie gebracht worden war. Max hatte den Appetit verloren, fraß und trank nicht mehr normal und nahm deshalb schnell ab. Er machte einen lethargischen Eindruck und verbrachte mehr Zeit als gewöhnlich mit Schlafen. Wenn er wach war, schien er nervös und reizbar zu sein und ganz alltägliche Ereignisse beunruhigten ihn. Keine der Aktivitäten, die ihn normalerweise glücklich machten, interessierten ihn. Ein Psychologe, der einen Mensch mit Max' Symptomen sehen würde, würde sagen, dass er vermutlich unter Depressionen leidet. Als Dodman genau das sagte, nämlich dass der Hund deprimiert und ängstlich sei, schüttelte sein Kollege den Kopf und warnte ihn davor, Hunde so zu behandeln, als ob sie menschenähnliche Gefühle hätten. »Hunde erleben nicht die gleichen Gemütszustände und Gefühle wie Menschen«, argumentierte er.

Dodmans Kollege wiederholte damit einen der Glaubenssätze vieler Wissenschaftler, nämlich den, dass nur Menschen über Gefühle und bewusste geistige Prozesse verfügen würden. Charles Darwin, dessen Evolutionstheorie unseren Blick auf die Biologie verändert hat, stellte diese Ansicht als Erster in Frage. Er ging davon aus, dass die Gefühlserlebnisse von Tieren denen der Menschen ähneln würden, allerdings nicht so komplex und variantenreich seien.

Dodman hielt es klar mit Darwin, als er seinem Kollegen antwortete: »Wie wäre es damit? Lass uns dem Hund doch einfach ein Antidepressivum geben und sehen, was passiert.« Was dann geschah, schrieb Geschichte, weil sich das Verhalten des Hundes dramatisch verbesserte. Auf biologischer Ebene betrachtet ist auch ganz klar, warum dies so und nicht anders geschah, weil Gehirn und Neurochemie des Hundes denen des Menschen sehr ähneln.

Heute lernen die meisten Tierärzte in ihrer Ausbildung, dass Tiere Gefühle haben und unter einigen der gleichen Gefühlsprobleme leiden können wie Menschen. Dazu gehören nicht nur Depressionen, sondern auch Ängstlichkeit, irrationale

Ängste und Phobien, Zwangsverhalten sowie ein breites Spektrum an neurotischen und stressbedingten Problemen. Es gibt derzeit ein wachsendes Forschungsfeld namens Verhaltens-Pharmakologie für Tiere und die meisten Tierärzte sind dazu ausgebildet, psychoaktive Medikamente zu verschreiben. Medikamente für Haustiere sind heutzutage ein großes Geschäft und haben Pfizer, einen der größten Pharmakonzerne der Welt, dazu veranlasst, eine eigene Heimtierabteilung einzurichten, die dem Unternehmen im letzten Jahr fast eine Milliarde Dollar eingebracht hat.

Wie weit verbreitet solche Gemütserkrankungen bei Haustieren sind, ist schwierig festzustellen. Die Tierversicherung Sainsbury's in Großbritannien hat aber einige Daten dazu gesammelt. Sainsbury's geht davon aus, dass Depressionen und Angststörungen in der britischen Hundepopulation weit verbreitet sind: Der Report berichtet, dass im Vorjahr 623.000 Hunde und Katzen unter Gemütserkrankungen gelitten hätten und über 900.000 unter Appetitlosigkeit in Folge von Stress oder emotionalen Problemen leiden würden.

Defizite an dem Hormon Serotonin, das als Neurotransmitter im Gehirn fungiert, scheinen eine wichtige Rolle bei der Entstehung von Depressionen zu spielen. Aber auch Umweltfaktoren wie Verlust des Besitzers oder eines Hundekumpels, Umzug an einen neuen Ort, Trauma nach Verletzungen, Krankheiten oder Misshandlungen oder lang andauernde Kettenhaltung und soziale Isolation können Depressionen bei Hunden auslösen.

Als Tierärzte wie Dodman es mit psychologischen Problemen bei Hunden zu tun bekamen, griffen sie zunächst auf Medikamente aus der Humanmedizin zurück. Genau wie Dodman vorhergesagt hatte, konnte das Medikament Prozac in verschiedenen Formen bei Hunden erfolgreich gegen Depressionen und angstbedingte Probleme eingesetzt werden. Diese Entdeckung brachte Lilly, das Pharmaunternehmen, das Prozac entwickelt hatte, dazu, ein speziell für den Einsatz bei Hunden gedachte Kautabletten-Version des Medikaments mit Rindfleischgeschmack auf den Markt zu bringen.

Genau wie beim Menschen können auch bestimmte Verhaltenstherapien gegen Depressionen wirken. Mehr Bewegung, die depressiven Menschen hilft, hilft auch depressiven Hunden. Mehr Sozialkontakte und Spiel und vielleicht die Anschaffung eines zweiten Hundes, der für ständige Gesellschaft und soziale Unterstützung sorgt, können den Zustand eines Hundes dramatisch verbessern.

Können Hunde lachen?

Nach Ansicht der meisten Menschen bedeutet es bei einem Hund so viel wie Lächeln, wenn er mit dem Schwanz wedelt. Es gibt aber tatsächlich einen hündischen Gesichtsausdruck, der dem nahekommt, was wir beim Menschen als Lächeln empfinden. Dabei legen leicht geöffnete Kiefer die Zunge frei, die locker über die vorderen Schneidezähne hängt. Oft nehmen die Augen gleichzeitig eine Tropfenform an, als ob sie an den Außenwinkeln leicht nach oben gezogen würden. Es ist ein gelegentlicher Ausdruck, der meist dann zu sehen ist, wenn der Hund entspannt ist, spielt oder sozial interagiert (insbesondere mit Menschen). In dem Moment, in dem Angst oder Stress in die Situation kommen, schließt sich das Maul und die Zunge ist nicht mehr zu sehen.

Der Ausdruck mit der nach vorn hängenden Zunge wurde sogar schon vor langer Zeit als Entsprechung zum Lächeln betrachtet. So finden wir zum Beispiel Kinderspielzeug aus der Zeit der ägyptischen Pharaonen, die einen auf einer kleinen Plattform mit Rädern stehenden Hund zeigen. Es ist dazu gedacht, an einer Schnur über den Boden gezogen zu werden. Das Gesicht des Hundes hat eine übertrieben große Zunge, die vorn aus seinem Maul heraushängt. Die Übersetzung des Namens dieses Spielzeugs lautet »Der lächelnde Hund«.

Selbst wenn wir glauben, dass Hunde wirklich lächeln, bleibt die Frage, ob sie ihren Gefühlsausdruck noch weiter steigern und so etwas wie die Entsprechung zu einem Lachen produzieren können. Tierverhaltensforscher waren der Meinung, dass Lachen als Gefühlsausdruck nur beim Menschen vorkäme. Der Nobelpreisträger Konrad Lorenz glaubte, dass Hunde zum Lachen fähig seien und dies beim Spielen täten. Es beginnt mit besagtem Lächeln, also leicht geöffneten Kiefern und über die Schneidezähne hängender Zunge, beinhaltet aber zusätzlich ein Geräusch, das sehr dem Hecheln ähnelt.

Patricia Simonet hat am Sierra Nevada College diese Hechel-Lachlaute bei spielenden Hunden aufgezeichnet. Bei der Analyse der Aufnahmen fand sie heraus, dass diese Geräusche eine größere Bandbreite an Frequenzen hatten als normales Hundehecheln. In einem Versuch stellte sie fest, dass Welpen vor Freude hüpften, wenn sie die Aufnahmen dieser Geräusche hörten und konnte in einem weiteren zeigen, dass die gleichen Geräusche halfen, Hunde in einem Tierheim zu beruhigen.

Menschen können dieses Geräusch nachahmen, es braucht dazu aber etwas »Feinabstimmung«. Meine ersten Versuche waren nicht sehr erfolgreich und erbrachten keine Reaktion oder höchstens verwirrte Blicke meiner Hunde. Irgendwann schaffte ich es aber doch, eine Reihe von Lauten zu formen, die regelmäßig ihr Interesse wachriefen. Dazu war ein bewusstes Kontrollieren meiner Lippenöffnung nötig, um das Muster richtig hinzubekommen. Bei mir schien so etwas wie »hhuh-hhah-hhuh-hhah…« am besten zu funktionieren, wobei ich das »hhuh« mit leicht gerundeten Lippen und das »hhah« mit einer breiten Mundöffnung wie zum Lächeln produzierte. Das Geräusch muss aus tonlosem Atmen ohne Stimmbeteiligung bestehen, sprich, wenn Sie dabei an Ihren Kehlkopf fassen, dürfen Sie keine Vibration spüren. Immer, wenn ich diese Geräusche mache, setzen meine Hunde sich auf, wedeln und kommen dann zu mir gelaufen.

Nach diesen informellen Experimenten dehnte ich meine Beobachtungen aus und war irgendwann in der Lage, meine Imitation des Hundelachens auch zur Beruhigung verstörter, ängstlicher und scheuer Hunde in der Hundeschule und in anderen Situationen einzusetzen. Dabei scheint es zu helfen, wenn Sie den Hund nur intervallweise kurz anschauen und dann wieder wegsehen. Kurzes, schnelles seitliches Kopfschütteln scheint manchmal die Wirkung zu verstärken. Am besten scheint diese Technik zur Beruhigung von Hunden zu funktionieren, die mäßig ängstlich oder unsicher sind. Wenn die vom Hund erlebten negativen Gefühle zu stark sind, scheint das »Lachen« nicht mehr zu helfen.

Können Hunde rechnen?

Manche Menschen bezweifeln, dass Hunde auch nur zur einfachsten Form quantitativen Denkens in der Lage sind. Die grundlegendste Form, die Welt quantitativ zu analysieren, ist die Beurteilung nach Größe – also die Beantwortung der Frage, ob eine Sache größer ist als eine andere. Früher hatten Forscher in einem Experiment Hunden einmal zwei Fleischbällchen gezeigt, einen kleinen und einen großen, und als sie herausfanden, dass sie den kleineren mit der gleichen Wahrscheinlichkeit auswählten wie den größeren, schlossen sie daraus, dass Hunde kein Verständnis für Größe hätten. Dieser Versuch war allerdings nicht aussagekräftig, denn Hunde denken opportunistisch, nach dem Motto »besser ein Spatz in der Hand als eine Schwalbe auf dem Dach«. Würden die beiden Fleischbällchen in unterschiedlicher Entfernung liegen, würde der Hund immer das nähere nehmen, lägen sie aber gleich weit entfernt, würde er zum größeren laufen und damit zeigen, dass er sehr wohl eine Vorstellung von Größe hat.

Norton Milgram bestätigte an der Universität von Toronto, dass Hunde sehr gut Größen unterscheiden können, indem er ihnen einen Behälter mit zwei unterschiedlich großen Gegenständen darin vorsetzte. Wenn der Hund den korrekten Gegenstand anstieß, fand er darunter ein Leckerchen. Beide Gegenstände waren zuvor mit der Futterbelohnung abgerieben worden, damit der Geruch nicht als Hinweis dienen konnte und der Hund sich auf seine visuelle Einschätzung der Größe verlassen musste. In diesem Szenario kann man Hunden immer beibringen, den größeren (oder kleineren) von zwei Gegenständen auszuwählen, unabhängig von deren Form oder Beschaffenheit, und sie lernen diese Unterscheidung ziemlich leicht.

Ein etwas schwierigerer Aspekt der quantitativen Überlegungen ist die Einschätzung von Anzahl, also die Fähigkeit, die Anzahl von Gegenständen in zwei verschiedenen Gruppen zu beurteilen. Wir tun dies zum Beispiel, wenn wir abschätzen, in welcher Menschenansammlung sich mehr Personen befinden, ohne dass wir die einzelnen Menschen dazu zählen müssten oder eine Ahnung hätten, wie viele sich tatsächlich in der Gruppe befinden. Ein Hund, der zu einem aus zehn Bröckchen Trockenfutter bestehenden Haufen läuft anstatt zu einem mit nur zwei Bröckchen, hat seine Entscheidung wahrscheinlich auf seiner Einschätzung der Anzahl der Futterstücke in jedem Haufen getroffen. Im Labor beweisen Hunde, dass sie Mengen einschätzen können, indem sie lernen, eine Tafel zu drücken, auf der mehr (oder weniger) Punkte aufgemalt sind, um dann eine Futterbelohnung zu erhalten.

Die nächst höhere Stufe wäre dann das einfache Zählen – eine Fähigkeit, die Hunde, insbesondere Sport- und Arbeitshunde, häufig zeigen. In Feldprüfungen, so genannten Field Trials, von Retrievern zum Beispiel muss der Hund zum erfolgreichen Bestehen von Prüfungen auf höherem Niveau mindestens bis drei zählen können: Wenn drei Enten fallen gelassen wurden und der Hund schon zwei apportiert hat, muss er wissen, dass eine noch im Feld sein muss, die er noch suchen und bringen muss.

Wenn Hunde zählen können, liegt die Frage nahe, ob sie auch zur Lösung einfacher Rechenaufgaben fähig sind. Robert Young von der Bischöflichen Katholischen Universität in Brasilien und Rebecca West von der Universität Lincoln in Großbritannien untersuchten diese Frage, indem sie einen zur Überprüfung der Zählfähigkeit von Kleinkindern entwickelten Test leicht modifizierten. Das Vorgehen misst einfach die Zeit, die Kleinkinder damit verbringen, bestimmte Dinge anzuschauen. Aus der Forschung wissen wir, dass Kinder (genau wie Erwachsene) etwas Unerwartetes länger als gewöhnlich anschauen.

Der Zähltest für Menschen ist ziemlich einfach. Zuerst bekommt das Kind eine kleine Puppe auf einem Tisch gezeigt. Anschließend wird eine niedrige Sichtblende davor gestellt, sodass das Kind sie nicht mehr sehen kann. Während das Kind zusieht, zeigt der Versuchsleiter ihm eine weitere Puppe und legt diese dann hinter die Blende. Wenn das Kind zählen kann, müsste es jetzt erwarten, nach Hochheben der Blende dort zwei Puppen zu sehen – und manchmal tut es das auch. Manchmal nimmt der Versuchsleiter aber auch eine der beiden Puppen heimlich weg, sodass nur noch eine zu sehen ist, wenn die Blende wieder weggenommen wird. In diesem Fall schauen die Babys viel länger auf den Tisch. Psychologen betrachten dies als Beweis dafür, dass die Kinder innerlich mitgezählt haben und nun überrascht sind, dass die Anzahl der Puppen, die sie sehen, nicht mit dem übereinstimmt, was sie erwartet haben.

In der Hundeversion dieses Versuchs wurde dem Hund eine einzige große Futterbelohnung gezeigt und diese dann hinter eine Sichtblende gelegt. Dann sah der Hund zu, wie der Versuchsleiter ganz offensichtlich eine weitere Futterbelohnung hinter den Sichtschutz legte. Konnte der Hund rechnen, müsste er nun wissen, dass 1+1=2 ist und erwarten, nach Wegnehmen des Sichtschutzes zwei Futterbelohnungen zu sehen.

Genau wie bei den Babys nahmen die Forscher auch hier wieder manchmal eine der Futterbelohnungen heimlich weg, sodass der Hund nach Entfernen des Sichtschutzes nur noch eine sah. Und genau wie bei den Babys schauten die Hunde auch diesmal scheinbar überrascht länger auf das unerwartete Ergebnis als dann, wenn die Anzahl der Futterbrocken mit ihrer Rechnung übereinstimmte. Wenn noch eine zusätzliche Belohnung hinzugefügt wurde, sodass der Hund drei anstatt nur zwei sah, schien er ebenso überrascht zu sein. Diese Beobachtungen legen den

Schluss nahe, dass Hunde nicht nur zählen können, sondern auch zu einfachen Additionen und Subtraktionen in der Lage sind.

Die Fähigkeit zum Zählen und einfachen Rechnen scheint auf den ersten Blick eine für Hunde eher unnütze Eigenschaft zu sein, ist aber eine Fähigkeit, die für das Überleben ihrer wilden Vorfahren sehr hilfreich war. Für eine Hündin ist es zum Beispiel gut zu wissen, ob alle Welpen in der Wurfhöhle sind oder ob sich einer verlaufen hat und sie zu einer Such- und Rettungsaktion aufbrechen sollte.

Sind Hunde musikalisch?

Weil Hunde manchmal heulen, wenn Musik gespielt oder gesungen wird, glauben viele, dass dieses Heulen ihr Versuch sei, ebenfalls Musik zu machen. Verglichen mit Wildkaniden bellen Haushunde viel mehr und heulen nur gelegentlich. Heulen ist eine Form der Kommunikation, die bei einem isolierten Hund Einsamkeit anzeigen kann. Oft dient es aber auch anderen sozialen Funktionen: Wölfe heulen, um das Rudel zu versammeln und die Gruppenidentität zu stärken. Wenn sie das Heulen hören, versammeln sich die Gruppenmitglieder und stimmen in den Gesang ihres Rudels ein. Hat das Heulen erst einmal begonnen, wird es oft zu einer Art Feier der Fröhlichkeit – die Hunde oder Wölfe teilen gut gelaunt ihre eigene Anwesenheit und ihre Kameradschaft mit ihren Artgenossen mit. Man könnte es als spontane Hunde-Jamsession bezeichnen!

Die Art menschengemachter Musik, die Hunde am häufigsten zum Heulen verführt, ist Blasmusik, und zwar insbesondere bei Rohrblattinstrumenten wie Klarinette oder Saxofon.

Manchmal kann man Hunde auch mit einem langgezogenen Geigenton oder gar einer lang gehaltenen gesungenen Note zum Heulen bringen. Vielleicht ähneln diese Töne dem echten Heulen und der Hund fühlt sich zum Antworten und Einstimmen in den Chor veranlasst.

Es gibt aber auch Berichte von Hunden mit definitiven Musikvorlieben und einem gewissen Sinn dafür, was gute Musik ausmacht. So besaß Dr. George Robinson Sinclair, Organist der Londoner Hereford Cathedral, einen Bulldog namens Dan. Sinclair war befreundet mit Sir William Elgar, dem Komponisten der Werke Pomp & Circumstance sowie Land of Hope and Glory. Elgar entwickelte eine Zuneigung zu Dan, denn er merkte, dass der Hund einen gewissen Musikverstand hatte. Dan besuchte mit seinem Besitzer häufig die Chorproben und knurrte diejenigen Sänger an, die den Ton nicht trafen. Damit machte er sich beim Komponisten mächtig beliebt. Schlussendlich schrieb dieser sogar einen musikalischen Tribut an den Hund, und das kam so: Dan mochte es wie viele Bulldoggen nicht, im Wasser zu sein. Eines Tages fiel er bei einem Spaziergang entlang des Flusses Wye vom Ufer ins Wasser. Er krabbelte so schnell es ging hinaus und schüttelte sich kräftig, wobei er Sinclair und Elgar gründlich durchnässte. Sinclair, von diesem Vorfall sehr amüsiert, bat Elgar, ihn in Musik zu übersetzen. Elgar nahm die Herausforderung an und begann sofort mit seiner musikalischen Interpretation. Sie wurde später zu einer der Enigma

Variations (Nummer 11) und machte damit musikalisch einen Hund unsterblich, der ein Gespür dafür hatte, ob Menschen die richtigen Töne trafen oder nicht.

Richard Wagner, der Komponist des aus vier Teilen bestehenden Opernzyklus Ring der Nibelungen, wusste ebenfalls den Musikgeschmack von Hunden zu schätzen. In seinem Komponierzimmer stand immer ein eigener Hocker für seinen Cavalier King Charles Spaniel Peps bereit. Beim Komponieren spielte Wagner immer wieder Klavier oder sang Passagen, an denen er gerade arbeitete. Dabei behielt er stets ein Auge auf den Hund und modifizierte seine musikalischen Phrasen je nach dessen Reaktionen. Dabei stellte er fest, dass Peps je nach Tonart unterschiedlich auf Melodien reagierte. Die gleiche Passage, in unterschiedlichen Tonarten gespielt, konnte einmal ein ruhiges Schwanzwedeln und beim anderen Mal eine aufgeregte Reaktion bewirken. Dieses Phänomen ließ bei Wagner die Idee keimen, die ihn schließlich zum Konzept des musikalischen Motivs brachte.

Musikalische Motive bringen in der Oper bestimmte Tonarten mit bestimmten Stimmungen oder Gefühlen in Verbindung. In Tannhäuser zum Beispiel ist die Tonart Es-Dur mit der Vorstellung von heiliger Liebe und Errettung verbunden, während E-Dur für sinnliche Liebe und Verführung steht. Wagner verwendete in all seinen folgenden Opern musikalische Motive, um wichtige Charaktere und andere Aspekte des Dramas zu kennzeichnen. Als Peps starb, war Wagner tief erschüttert und hatte Schwierigkeiten, sich auf das Komponieren zu konzentrieren, bis er einen anderen Hund der gleichen Rasse bekam. Dieser neue Hund, Fips, nahm schon bald seinen festen Platz auf einem speziell gepolsterten Hocker neben Wagners Klavier ein, sodass er seine hündische Musikkritik nach Bedarf zur Verfügung stellen konnte.

Die Wissenschaft bestätigt, dass Hunde musikalische Vorlieben haben und auf unterschiedliche Arten von Musik auch unterschiedlich reagieren. An der Queens University von Belfast erforschte die Psychologin Deborah Wells, wie Hunde in einem Tierheim auf unterschiedliche Musikarten reagierten. Sie beobachtete deren Verhalten, während ihnen entweder ein Mix aus moderner Popmusik (unter anderem mit Britney Spears, Robbie Williams und Bob Marley), klassische Musik (mit Griegs Morgenstimmung, Vivaldis Vier Jahreszeiten und Beethovens Ode an die Freude) oder ein Mix von Heavy Metal Bands wie zum Beispiel Metallica vorgespielt wurde. Um sicher zu sein, dass die Hunde auch wirklich auf die Musik reagierten, wurden ihnen zum Vergleich außerdem noch Aufnahmen menschlicher Unterhaltungen vorgespielt und eine Zeit völliger Ruhe eingeschaltet.

Die Art der Musik, der die Hunde zuhörten, bewirkte deutliche Unterschiede im Verhalten. Wenn die Forscher Heavy Metal abspielten, wurden die Hunde recht aufgeregt und begannen zu bellen. Popmusik oder menschliche Unterhaltungen riefen keine Verhalten hervor, die sich besonders vom Verhalten bei Ruhe unterschieden hätten. Klassische Musik dagegen schien eine beruhigende Wirkung auf die Hunde zu haben. Solange sie lief, bellten sie erheblich weniger, legten sich öfter hin und blieben länger liegen. Wells fasste die Forschungsergebnisse so zusammen: »Es ist bereits gut nachgewiesen, dass Musik unsere Stimmungen beeinflussen kann. Klassische Musik zum Beispiel kann Stress mildern, während Grunge Gefühle von Feindseligkeit, Traurigkeit, Anspannung und Ermüdung fördern kann. Wir sind nun überzeugt davon, dass Hunde die gleichen Unterscheidungen treffen können wie Menschen, wenn es um musikalische Vorlieben geht.«

Hunden werden oft parapsychologische Fähigkeiten verschiedenster Art zugeschrieben, wie zum Beispiel, den bevorstehenden Tod einer Person vorauszusagen, die Anwesenheit von Geistern zu spüren oder irgendeine Art psychischer Verbindung zum geliebten Besitzer zu haben und sich um dessen Wohlergehen zu sorgen. Dieses Thema hat in den letzten Jahren aufgrund einiger Forschungen von Rupert Sheldrake, der einen Doktortitel in Biochemie besitzt, das Interesse einiger Wissenschaftler auf sich gezogen. Sheldrake argumentierte, dass »der überzeugendste Beweis für die Existenz von Telepathie zwischen Menschen und Tieren aus der Beobachtung von Hunden stammt, die wissen, wann ihre Besitzer nach Hause kommen. Dieses vorausahnende Verhalten ist weit verbreitet. Viele Hundebesitzer nehmen es als selbstverständlich hin, ohne über seine weiteren Implikationen nachzudenken.« Sheldrake hat über 500 Fälle gesammelt, in denen Hunde das Kommen ihrer Besitzer vorauszuahnen schienen. Dabei behauptete er, dass dieses Phänomen nicht etwa mit einer angeborenen »inneren Uhr« zu erklären sei, weil die Hunde auch dann diese Ereignisse vorhersehen konnten, wenn die Ankunftszeit des Besitzers nicht regelmäßig oder vorhersehbar war. Und es konnte auch nicht daran liegen, dass ihre empfindlichen Ohren das Geräusch eines vertrauten Autos wahrnahmen, weil die Vorahnung auch dann funktionierte, wenn die Besitzer zu Fuß, mit dem Taxi oder Bus nach Hause kamen.

Sheldrake beschreibt den beeindruckenden Fall von Carole Bartlett, die in Chiselhurst in der englischen Grafschaft Kent lebt. Oft lässt sie ihren Labrador-Greyhound-Mix Sam bei ihrem Mann zurück, wenn sie in London ins Theater geht oder dort Freunde besucht. Die Heimfahrt dauert fünfundzwanzig Minuten mit der Bahn und dann noch fünf Minuten Fußweg vom Bahnhof nach Hause. Carols Mann weiß nie, mit welchem Zug seine Frau zurückkommt – irgendwann zwischen sechs und elf Uhr abends. Sheldrake zitiert Carols Bericht: »Mein Mann sagt, dass Sam immer eine halbe Stunde vor meiner Ankunft von meinem Bett herunterspringt, wo er, wenn ich nicht da bin, den Tag verbringt und an der Haustür wartet.« Dieser Bericht ist deshalb so bemerkenswert, weil der Hund genau zu dem Zeitpunkt auf Carol zu warten beginnen scheint, wenn sie gerade ihren Heimweg antritt und noch viele Kilometer und dreißig Minuten von ihrer Haustür entfernt ist.

Der am besten untersuchte Fall scheinbar übersinnlicher Wahrnehmung bei einem Hund war der des Terriermischlings Jaytee im Besitz von Pamela Smart aus dem englischen Ramsbottom. Genau wie bei Carole Bartletts Sam schien auch Jaytee Pams Rückkehr vorauszusagen, indem er genau in dem Moment, als sie ihre Heimfahrt antrat, ans Fenster lief oder sich draußen auf die Veranda setzte. Das tat er auch dann, wenn Pamelas Zeitplan unregelmäßig war und keins der anderen Familienmitglieder über ihre Ankunftszeit Bescheid wusste. Das österreichische Fernsehen wollte Jaytees telepathische Fähigkeiten überprüfen und schickte zwei Filmteams hin. Das eine folgte Pam, während sie sich zu Fuß durch das Stadtzentrum bewegte, das andere blieb zuhause und filmte die ganze Zeit über Jaytee. Nach ein paar Stunden beschlossen Pam und ihr Team, jetzt nach Hause zurückzukehren – und exakt in dem Moment lief Jaytee nach draußen auf die Veranda und wartete dort, bis Pam da war. Die Ergebnisse dieses Versuchs zogen eine Menge Aufmerksamkeit von Seiten der Medien nach sich und Fernsehkommentatoren beschrieben den Hund als »extrasensorisch« oder »immer korrekt in seinen Voraussagen«.

Richard Wiseman, ein Psychologe an der Universität von Hertfordshire, setzte diese Studie mit weiteren Tests zu Jaytees telepathischen Fähigkeiten fort. Seine erste Aufgabe bestand darin, alle denkbaren nicht-telepathischen Faktoren zu eliminieren, die das Verhalten des Hundes möglicherweise auslösen konnten. Das bedeutete, dass Pam nicht zu festen Zeiten kommen und gehen durfte und kein Auto benutzen durfte, dessen Motorengeräusch dem Hund bekannt sein und das er aus Entfernung erkennen könnte. Wisemans Team brachte Pam deshalb zu einem entfernten Ort und benutzte einen speziellen Rechner, um einen zufälligen Zeitpunkt für ihre Rückkehr zu generieren. Pam wurde erst ein paar Sekunden vor dem tatsächlichen Aufbruch der Gruppe gesagt, dass es jetzt zurückgehen würde. In der Zwischenzeit blieben andere Mitglieder des Forschungsteams in Pams Zuhause und erstellten eine vollständige Videoaufzeichnung von Jaytees Verhalten.

Was sie herausfanden, war, dass Jaytee ein extrem wachsamer Hund war und in Pams Abwesenheit Dutzende Male zum Fenster oder auf die Veranda lief. Manchmal war auch ein Ereignis wie eine vorbeigehende Person oder ein herannahendes Auto der offensichtliche Grund für sein Verhalten. Manchmal dagegen gab es keinen erkennbaren Grund, warum Jaytee zum Fenster ging. Leider fiel die Mehrheit dieser »unerklärlichen« Gänge zum Fenster noch nicht einmal annähernd mit der Zeit zusammen, zu der Pam nach Hause aufbrach.

In einem späteren Interview fasste Wisemann die Ergebnisse so zusammen: »Die Besitzerin kam zu einer zufällig ausgewählten Zeit nach Hause und ja, tatsächlich wartete der Hund in diesem Moment am Fenster. Als wir aber den Film zurückspulten und ganz anschauten, stellten wir fest, dass der Hund ständig zum Fenster lief. Er war sogar so oft am Fenster, dass es überraschender gewesen wäre, ihn nicht dort vorzufinden, als die Besitzerin nach Hause kam!«

Warum also waren Pam und ihre Familie so sicher, dass Jaytee ihre Rückkehr genau voraussagen konnte? Ihre Gewissheit hat sicherlich etwas damit zu tun, dass Menschen gern zu bestimmten Glauben neigen. Dazu gehört auch eine Spielart des selektiven Gedächtnisses, die man in der Psychologie als »Bestätigungsfehler« bezeichnet. Dabei denken Menschen so, dass sie dazu neigen, Ereignisse zu bemerken oder gar aktiv zu suchen, die ihre Meinung bestätigen und andere, die ihr entgegenlaufen, zu unterschätzen oder ganz zu ignorieren. Das klassische Beispiel dafür sind Menschen, die glauben, ein bestimmtes erfolgversprechendes System zum Spielen im Casino zu haben. Sie erinnern sich nur noch an die Abende, an denen sie mit dieser Methode viel Geld gewonnen haben, und vergessen gerne die, an denen sie verloren haben. Möglicherweise erklären sie auch noch, dass sie an diesen Abenden das System nicht ganz genau befolgt hätten. Eine solche verschobene Erinnerung führt natürlich mit der Zeit zu einem unbegründeten Glauben an den Zusammenhang zwischen Spielgewinn und dem Spielsystem. Ein ähnliches Denken und selektives Erinnern kann auch dazu führen, dass man an die telepathische Fähigkeit des Hundes glaubt, den Moment zu erkennen, an dem der Besitzer sich auf den Heimweg macht.

Können Hunde träumen?

Davon, dass Hunde träumen können, sind viele Menschen überzeugt. Den meisten Hundebesitzern ist schon einmal aufgefallen, dass ihre Hunde im Schlaf zu verschiedenen Zeiten zittern, mit den Beinen zucken oder sogar nach einem Schlafphantom knurren und schnappen und damit ganz klar den Eindruck vermitteln, dass sie träumen. Von der Struktur her betrachtet ähneln die Gehirne von Hunden denen von uns Menschen. Außerdem sind auch die Muster ihrer Gehirnwellen während des Schlafs den unseren ähnlich und zeigen die gleiche elektrische Aktivität, die auch beim Menschen beobachtet wird. All das passt mit der Auffassung zusammen, dass Hunde träumen.

Es wäre sogar überraschender, wenn sie nicht träumen würden, denn neuere Forschungsergebnisse zeigen, dass selbst simplere und weniger intelligente Lebewesen als Hunde zu träumen scheinen. Matthew Wilson und Kenway Louie vom Massachusetts Institute of Technology berichten, dass die Gehirne schlafender Ratten auf eine Art und Weise arbeiten, die ganz klar auf Träumen hinweist. Vieles von dem, was Sie selbst nachts träumen, hat damit zu tun, was Sie am Tag zuvor gemacht haben. Das scheint auch für Ratten zuzutreffen. Eine Ratte, die tagsüber durch ein kompliziertes Labyrinth gelaufen ist, kann also durchaus nachts davon träumen. Aus Aufzeichnungen der elektrischen Ströme im Hippocampus des Rattengehirns (desjenigen Teils des Gehirns, der mit der Bildung und Speicherung von Erinnerungen zu tun hat), die man an wachen Ratten durchgeführt hatte, die gerade lernten, sich in einem Labyrinth zu orientieren, erfuhren Wilson und Louie, dass manche elektrischen Muster je nachdem, was die Ratte gerade tat, sich deutlich von anderen abhoben und deshalb gut zu identifizieren waren. Als die Ratten später schliefen und ihre Gehirnwellen zeigten, dass sie sich in der Phase befanden, in der Menschen normalerweise träumen, tauchten diese gleichen Muster wieder auf. Sie waren sogar so klar und eindeutig, dass die Forscher genau sagen konnten, in welchem Labyrinth sich die Ratte gerade befinden würde, wenn sie wach wäre und ob sie gerade lief oder stand. Wilson beschrieb die Ergebnisse vorsichtig mit den Worten: »Das Tier erinnert sicherlich Ereignisse, die im Wachzustand stattfanden und tut dies während der Traumphase des Schlafs, was genau das ist, was Menschen tun, wenn sie träumen.«

Weil das Gehirn eines Hundes komplexer ist als das einer Ratte und die gleichen elektrischen Sequenzen zeigt, ist die Annahme gerechtfertigt, dass auch Hunde träumen. Es gibt auch Hinweise darauf, dass sie von typischen Hundeaktivitäten träumen. Diese Art von Forschung zieht Nutzen aus der Tatsache, dass die sogenannte Brücke des Hirnstamms, der Pons, eine ganz besondere Struktur enthält, die uns daran hindert, unsere Träume in Handlungen umzusetzen. Als Wissenschaftler diesen Teil des Gehirns bei Hunden entfernten oder deaktivierten, konnten sie beobachten, dass die Hunde umherzulaufen begannen, obwohl die Aufzeichnungen ihrer elektrischen Hirnströme ganz klar bewiesen, dass sie immer noch fest schliefen. Sie begannen sich erst dann zu bewegen, wenn das Gehirn in die Traumphase des Schlafs überging. Im Verlauf der Traumepisode begannen die Hunde tatsächlich die Handlungen auszuführen, die sie auch in ihren Träumen machten. So fanden die Forscher zum Beispiel heraus, dass ein träumender Pointer tatsächlich nach Wild zu suchen beginnen und sogar in die Vorstehposition gehen kann, ein Springer Spaniel im Traum einen Vogel aufstöbert oder ein träumender Dobermann möglicherweise einen Kampf mit einem Einbrecher ausfechten kann.

Sie können aber auch ohne die Aufzeichnung von Gehirnströmen oder Gehirnchirurgie leicht feststellen, ob Ihr Hund träumt. Sie müssen ihn einfach nur ab dem Moment beobachten, in dem er einzunicken beginnt. Je tiefer sein Schlaf wird, desto regelmäßiger wird sein Atem. Bei einem durchschnittlich großen Hund wird der erste Traum nach etwa 20 Minuten beginnen. Sie werden die Veränderung leicht erkennen, weil der Atem flacher und unregelmäßiger wird. Es kann zu seltsamen Muskelzuckungen kommen, und wenn Sie genau hinschauen, sehen Sie, wie sich seine Augen hinter den geschlossenen Augenlidern bewegen. Das tun sie deshalb, weil der Hund die Traumbilder tatsächlich so anschaut, als ob sie echt wären. Diese Augenbewegungen sind besonders typisch für die Traumphase des Schlafs. Weckt man Menschen während dieser sogenannten REM-Phase (REM = Rapid Eye Movement, schnelle Augenbewegung) auf, berichten sie immer, dass sie gerade geträumt hätten.

Nicht alle Hunde träumen gleich. Merkwürdig ist dabei die Tatsache, dass kleine Hunde mehr Träume haben als große Hunde. Ein Zwergpudel kann einmal alle zehn Minuten träumen, während bei einem so großen Hund wie einer Dogge oder einem Mastiff oft bis zu einer Stunde zwischen den einzelnen Träumen liegen kann. Der Unterschied ist allerdings, dass die Träume der großen Hunde länger dauern.

Können Sie die Intelligenz Ihres Hundes fördern?

Es ist sehr wohl möglich, die Intelligenz Ihres Hundes zu steigern. Es mag unglaublich klingen, aber Sie können tatsächlich die Physiologie des Gehirns Ihres Hundes verändern. Sie können es allein dadurch größer und effizienter machen, dass Sie Ihrem Tier anbieten, bestimmte Erfahrungen zu machen. Der gleiche Prozess macht Ihren Hund intelligenter und verhilft ihm außerdem zu mehr Stressresistenz. Die Forschung, die diesen erstaunlichen Behauptungen zugrunde liegt, begann in den 1940er Jahren, als der kanadische Psychologe Donald O. Hebb ein paar Laborratten mit nach Hause brachte und sie seinen Kindern als Haustiere überließ. Die Kinder spielten mit den Ratten, ließen sie herumlaufen und große Teile des Hebb'schen Hauses entdecken. Natürlich war das Leben, das diese Ratten führten und die Umwelt, die sie entdecken durften, viel komplexer und anregender als der Standard-Laborkäfig, in dem es höchstens ein paar Sägespäne als Einstreu, eine Wasserflasche und einen Fressnapf gab. Als man diese Tiere später auf ihre Fähigkeit hin testete, sich durch komplizierte Labyrinthe hindurchzufinden (der Intelligenztest für Ratten), stellten sie sich wesentlich schlauer an als ihre Wurfgeschwister, die in langweiligen Käfigen aufgewachsen waren, wo sie wenig tun und entdecken konnten und wo es keine Probleme oder interessante Situationen gab, mit denen sie sich beschäftigen konnten.

Kurz nach diesen ersten Versuchen mit den Ratten wiederholten einige von Hebbs Forschungsassistenten die Versuche mit Hunden. Sie verglichen die Lernfähigkeit von Hunden, die als Familienhunde aufgewachsen waren und all die Anregungen und unterschiedlichen Erlebnisse erfahren hatten, die ein Familienhund normalerweise hat, mit denen von Hunden, die in den üblichen kargen Laborzwingern aufgezogen worden waren. Sie stellten fest, dass die in der komplexeren häuslichen Umgebung aufgewachsenen Hunde nicht nur schneller lernten, sondern in den Versuchssituationen auch erheblich weniger ängstlicher und gestresst reagierten.

Über die Jahre hinweg haben Wissenschaftler bewiesen, dass diese Verhaltensänderungen das Ergebnis von Umformungen in der Physiologie des Gehirns sind. Die Gehirne von Tieren, die in wechselnden und komplexen Umgebungen leben, werden tatsächlich größer. Erfahrungen führen dazu, dass sich im Kortex neue Verbindungen zwischen bestehenden Nervenzellen entwickeln. Neuere Studien haben gezeigt, dass es sogar möglich ist, in wichtigen Hirnbereichen neue Nervenzellen wachsen zu lassen, die für Lernen, Gedächtnis und Organisation des Verhaltens zuständig sind. Der entscheidende Aspekt bei den Erfahrungen eines Tieres, der zu diesen positiven Veränderungen im Gehirn führt, ist die Möglichkeit, viele verschiedene interessante Dinge und Orte erleben zu können. Die besten Ergebnisse werden erzielt, wenn dies mit häufigen Gelegenheiten zum Lernen neuer Dinge und Lösen von Problemen sowie zum freiem Untersuchen, Umgehen und Interagieren mit Gegenständen und Umweltmerkmalen kombiniert ist. Die Daten zeigen eindeutig, dass solche Erfahrungen zu Individuen führen, die nicht nur neugieriger sind, schneller lernen und komplexere Aufgaben lösen können, sondern die auch weniger ängstlich und emotional sind.

Neuere Untersuchungen des Psychologen Norton W. Milgram und seiner Kollegen an der Universität von Toronto zeigen, dass die Vorteile solcher Erfahrungen nicht nur auf Welpen beschränkt sind. Erwachsene und ältere Hunde profitieren ebenfalls von abwechslungsreicheren Umgebungen. Auch Erfahrungen im Problemlösen scheinen das übliche Nachlassen der geistigen Leistungsfähigkeit, wie es bei älteren Hunden sonst normal ist, verlangsamen zu helfen.

Für diejenigen von uns, die ihren Hunden zu einem effizienteren Gehirn verhelfen möchten, besteht der Trick einfach darin, den Verstand des Hundes aktiv zu halten, ihm neue Dinge zum Lernen und neue Rätsel zum Lösen zu geben. Unterschiedliche Erfahrungen ergeben sich alleine schon daraus, auf den täglichen Spaziergängen einmal andere Wege zu nehmen oder an andere Orte zu gehen, Tagestouren mit Hund zu unternehmen oder ihn beim Arbeiten im Freien mitzunehmen. Noch besser ist es aber, wenn Sie ein wenig Mühe darauf verwenden, Ihrem Hund Aufgaben zu stellen, die er lösen muss.

Bei den meisten Hunden hält Futter als Belohnung die Motivation zum Lösen von Problemen und Finden von Dingen hoch. So können Sie zum Beispiel mehrere verschiedene Spielzeuge mit Trockenfutter füllen. Die Futterbröckchen fallen heraus, wenn das Spielzeug umhergeschoben oder bewegt wird. Wenn Sie dazu bereit sind, ein bisschen kontrollierte Zerstörung in Kauf zu nehmen, können Sie das Trockenfutter oder die Leckerchen auch in einen alten Pappkarton oder zusammengedrückte Pappbecher legen oder in ein altes Handtuch oder einen Lumpen einwickeln, damit der Hund den Gegenstand zerfetzen und zerreißen kann, um an den Gegenstand heranzukommen. Auch Toilettenpapierrollen sind dafür bestens geeignet. Legen Sie etwas Futter hinein, drücken Sie die Enden zusammen und lassen Sie den Hund das »Spielzeug« zerfetzen, um an das Futter zu kommen. Viele Hundespielzeuge wie der Kong® oder hohle Nylonknochen haben Hohlräume oder Taschen, die mit Hundekuchen, Erdnussbutter, Frischkäse oder ähnlichem gefüllt werden können. Der Hund muss also arbeiten, um an das Futter heranzukommen. Wenn Sie etwas Trockenfutter anfeuchten, das Spielzeug damit stopfen und es dann einfrieren, haben Sie am nächsten Tag etwas, an dem der Hund eine ganze Weile arbeiten muss, um an seinen Snack zu kommen. Eine Variation dieses Themas ist, Mahlzeiten zu Suchspielen umzufunktionieren. Teilen Sie das Futter Ihres Hundes in kleine Portionen auf, die Sie einzeln in Plastikbehälter füllen. Die verstecken Sie nun im Haus und lassen den Hund danach suchen. Zu Anfang müssen die Verstecke leicht zu finden sein, später können Sie es zu einer größeren Herausforderung machen, die jeweils nächste Essensportion zu finden.

Generell sind alle Versteck- und Suchspiele gut. Wenn Sie jemanden haben, der Ihnen helfen kann (ich finde zu Besuch kommende Enkelkinder sehr praktisch dafür), kann der eine sich verstecken und der andere dann den Hund losschicken, um die aus seinem Sichtfeld verschwundene Person zu suchen. Dabei hilft es, wenn Sie dem Hund ein Kommando wie »Such Jessie« geben. Anfangs kann es nötig sein, dass die Versteckperson den Hund noch aus ihrem Versteck heraus ruft. Sobald der Hund gefunden hat, bekommt er eine Futterbelohnung oder ein Spielzeug. Sie können auch eine Art »Hundetennis« spielen, wobei Sie den Hund wie einen Ball zu der Versteckperson zurückschicken, die sich in der Zwischenzeit wieder an einer anderen Stelle versteckt hat. Diese schickt ihn dann wiederum zu der ersten Person zurück, die sich ebenfalls wegbewegt hat und so weiter.

Wenn Ihr Hund viel Zeit draußen im Hof verbringt, sollten Sie bedenken, dass der durchschnittliche Hof oder Vorgarten meistens ein recht reizloser und langweiliger Ort ist, einmal abgesehen von den interessanten Dingen, die vielleicht auf der anderen Seite des Zauns passieren. Sie können dieses Umfeld ein bisschen spannender machen, indem Sie zum Beispiel lange Seile an Baumästen oder Dachvorsprüngen befestigen, an denen der Hund ziehen kann. Oder Sie können das Terrain verändern, indem Sie ein paar große Kästen aufstellen, die der Hund zum Darauf- oder Hineinklettern benutzen kann. Oder Sie legen etwa zehn Zentimeter dicke Holzstücke oder Stücke von PVC-Rohr aus, die der Hund beim Spielen überspringen muss. Falls Sie mehr als einen Hund haben, sind Abtrennungen, hinter denen sich einer verstecken kann, hilfreich. Außerdem werden die Hunde damit ihre eigenen Spiele erfinden. Ein mit etwas Wasser oder Sand gefülltes Kinderplanschbecken schafft ebenfalls zusätzliche Spielmöglichkeiten. Außerdem sorgt es für Abwechslung und Anreize, wenn Sie die im Hof liegenden Gegenstände öfter einmal verändern und austauschen.

Im Allgemeinen finden die meisten Hunde das Umfeld im Haus, wo sich Menschen aufhalten, interessanter als einen Hof. Wenn Ihr Hund draußen bleiben soll, sollten Sie deshalb gelegentlich zu ihm hinausgehen, um mit ihm zu spielen. Denken Sie daran: Sie verbessern damit nicht nur Ihre Beziehung zu ihm, sondern fördern auch sein Gehirn.

Wie kommunizieren Hunde?

Die verschiedenen Sprachlaute klingen für uns recht willkürlich und zufällig. Es gibt keine von Worten gebildeten Tonfolgen, die für alle Menschen auf der Welt das Gleiche bedeuten. Ein und dieselbe Sache kann in verschiedenen Sprachen von ganz unterschiedlichen Lauten bezeichnet werden. »Hund«, »Dog«, »Perro« oder »Chien« klingen völlig unterschiedlich, meinen aber alle dasselbe. Die Geräusche, die Tiere zur Kommunikation untereinander benutzen, sind dagegen viel gleichförmiger. Sie sind zwar von Spezies zu Spezies unterschiedlich, aber innerhalb einer Art (von einigen regionalen »Dialekten« bei Vögeln abgesehen) scheint es so etwas wie eine gemeinsame Universalsprache und ein universell verstandenes Lautrepertoire zu geben. Die Laute innerhalb dieses »Codes« haben drei Ebenen: Tonhöhe, Dauer und Frequenz (Wiederholungsrate).

- *Die Bedeutung von Tonhöhe:* Tiefe Töne (wie zum Beispiel das Knurren eines Hundes) bedeuten in der Regel Bedrohung, Verärgerung und mögliche Aggression. Sie werden gedeutet als »Bleib weg von mir«. Hohe Töne bedeuten das Gegenteil, sie bitten um die Erlaubnis, näher kommen zu dürfen oder teilen mit, dass eine Annäherung in Ordnung ist. Die Frage ist, warum Hunde diese Gesetzmäßigkeit der Tonhöhe verstehen und anwenden? Die Antwort beginnt mit der simplen Beobachtung, dass große Dinge tiefe Töne machen. Nehmen Sie zum Beispiel zwei leere Wassergläser, ein kleines und ein großes, und tippen Sie diese mit einem Löffel an: Das größere wird einen tieferen Ton produzieren. Natürlich verändert ein Hund seine Größe nicht dadurch, dass er die Tonhöhe seiner Lautäußerungen verändert. Warum also sollte der Empfänger des Signals überhaupt auf die unterschiedlichen Tonhöhen reagieren, weil sie ja oft keine physische Realität widerspiegeln? An dieser Stelle kommt die Magie der Evolution und der Entwicklung der Kommunikation ins Spiel. Stellen Sie sich vor, Sie sind ein Tier und senden Signale an die anderen um Sie herum. Weil Sie wissen, dass die anderen auf die Tonhöhe Ihrer Signale achten, können Sie Änderungen in der Tonhöhe beliebig als Kommunikationsmittel einsetzen. Wenn Sie möchten, dass ein anderes Tier weggeht oder außerhalb Ihres Reviers bleibt, können Sie ein tiefes Tonsignal wie zum Beispiel ein Knurren aussenden, mit dem Sie suggerieren, dass Sie groß und gefährlich sind. Entsprechend können Sie ein hohes Tonsignal wie zum Beispiel ein Winseln benutzen, um mitzuteilen, dass Sie klein sind und man sich Ihnen deshalb gefahrlos nähern kann. Und wenn Sie groß wären, aber bei der Annäherung an ein anderes Tier gerne mitteilen möchten, dass Sie ihm nicht drohen oder schaden wollen, könnten Sie winseln oder weinen, um zu zeigen, dass Sie sich wie ein kleines, harmloses Wesen benehmen.

- *Die Bedeutung von Dauer:* Allgemein kann man sagen: Je länger der Ton, desto wahrscheinlicher ist es, dass der Hund eine bewusste Entscheidung über die Art des Signals und seine nächsten Verhalten getroffen hat. Das drohende Knurren eines dominanten Hundes mit der klaren Absicht, die eigene Position zu verteidigen und nicht zurückzuweichen, wird sowohl tief als auch lang anhaltend sein. Ein in kürzeren Einheiten geäußertes Knurren weist auf Elemente von Angst hin und darauf, dass der Hund sich Sorgen macht, ob er erfolgreich mit einem Angriff umgehen kann.

- *Die Bedeutung von Frequenz:* Oft und in kurzen Abständen wiederholte Geräusche weisen auf ein Element von Aufregung und Dringlichkeit hin. Ausgelassene oder nicht wiederholte Töne weisen in der Regel auf ein niedrigeres Aufregungsniveau hin. Ein Hund, der am Fenster sitzt und nur ein oder zwei Mal gelegentlich bellt, zeigt nur mäßiges Interesse an etwas. Bellt er jedoch stoßweise immer wieder viele Male pro Minute, teilt er mit, dass die Situation ernst zu nehmen ist oder sogar eine Krise droht.

Bellen ist ein Alarmgeräusch. Ein bellender Hund droht nicht aggressiv, es sei denn, das Bellen wird in der Tonart tiefer und ist mit Knurren vermischt. Lassen Sie uns einmal sehen, wie die häufigsten Arten des Bellens gedeutet werden sollten.

- *Eine schnelle Abfolge von zwei oder vier Bellern mit Pausen zwischen den »Belleinheiten«* ist die häufigste Form des Bellens. Es ist das klassische Alarmbellen, dass etwa bedeutet »Ruf das Rudel zusammen. Da geht etwas vor, das wir uns ansehen müssen.«

- *Bellen in ziemlich ununterbrochener Reihenfolge, aber in niedrigerem Ton und langsamer als das übliche Alarmbellen* bedeutet, dass der Hund ein drohendes Problem bemerkt hat. Es bedeutet etwa: »Ein Eindringling (oder eine Gefahr) ist schon ganz nah. Ich glaube nicht, dass er in freundlicher Absicht kommt. Macht euch zur Verteidigung bereit!«

- *Ein oder zwei scharfe, kurze Belllaute in hoher oder mittlerer Tonlage* sind das typischste Begrüßungsgeräusch und lösen normalerweise das Alarmbellen ab, sobald der Besucher als freundlich identifiziert wurde. Viele Menschen werden so begrüßt, wenn sie zur Tür hineinkommen. Die Botschaft lautet: »Hallo du da!« und wird normalerweise von dem typischen Begrüßungsritual des Hundes gefolgt.

- *Eine lange Kette einzelner Belllaute mit jeweils längeren Pausen dazwischen* ist ein Anzeichen für einen einsamen Hund, der nach Gesellschaft ruft.
- *Ein gestottertes Bellen, das etwa wie »Harr-ruff« klingt* geht meistens mit flach auf den Boden gedrückten Vorderbeinen und einem in die Luft gestreckten Hinterteil einher. Es heißt einfach: »Lass uns spielen!«

Warum bellen Hunde so viel, und was können wir dagegen tun?

Eine der häufigsten Beschwerden, die Menschen über ihre Hunde äußern, ist, dass sie zu viel bellen würden. Dabei ist vermutlich genau das Bellen einer der Gründe gewesen, warum Menschen und Hunde sich ursprünglich zu einer Arbeitsgemeinschaft zusammengeschlossen haben. Alles begann in grauer Vorzeit, als Hunde auf die Idee kamen, sich in der Nähe menschlicher Siedlungen aufzuhalten. Die Menschen damals waren nämlich echte Ferkel, die ihren Müll rund um ihre Lagerstätten verteilten. Für die Hunde waren diese Abfälle eine willkommene Gratismahlzeit, für die sie nicht jagen gehen mussten. Unsere Vorfahren tolerierten die Anwesenheit der Hunde einfach deshalb, weil diese sie vom Müll befreiten und damit Geruchsbelästigung und Ungeziefer in Schach hielten.

Die Menschen lernten schnell, dass es noch einen weiteren Vorteil hatte, die Hunde um sich zu haben: Sie schlugen Alarm, wenn gefährliche Tiere oder möglicherweise feindlich gesinnte Fremde sich der Siedlung näherten. Und weil die Hunde immer aufpassten, musste man über Nacht keine Wachtposten mehr aufstellen, was mehr Nachtruhe und eine bessere Lebensqualität ermöglichte. Vom Bewachen der Dorfgrenze bis dahin, dass Hunde auch in den Häusern lebten und diese ebenfalls bewachten, war es dann nur noch ein kleiner Schritt. Das Bellen des Hundes diente bald dem friedlichen Zweck, der Familie das Kommen von Gästen anzukündigen (eine Türglocke auf vier Pfoten) oder sie vor einem möglichen Dieb zu warnen (eine Alarmanlage auf vier Pfoten). Es erscheint daher offensichtlich, dass der beste Hund für persönliche und gemeinschaftliche Sicherheitszwecke einer war, der laut und ausdauernd bellen konnte. Folglich wurden Hunde, die laut bellten, behalten und mit solchen verpaart, die ebenfalls bellten. Ein Hund, der nicht bellte, wurde als nutzlos abgeschafft. Einer der Unterschiede zwischen Wildkaniden und Haushunden ist, dass unsere Haushunde bellen, Wildkaniden es dagegen selten tun.

Der Hauptgrund dafür, dass Menschen Probleme mit dem Bellen haben, ist, dass sie nicht verstehen, warum der Hund bellt und welche Reaktion er damit bei ihnen erreichen möchte. Die häufigste Form des Bellens ist dazu gedacht, Alarm zu schlagen oder das Rudel auf etwas aufmerksam zu machen. Es heißt wirklich so etwas wie »Kommt her zu mir und schaut euch das an! Hier könnte es ein Problem geben!« Es besteht aus jeweils zwei oder drei dicht aufeinanderfolgenden Belllauten mit kurzen Pausen vor dem nächsten Intervall und klingt etwa wie »wau wau ... wau wau ... wau wau.« Der Hund möchte einfach erreichen, dass der Rudelführer und die anderen Rudelmitglieder sich ansehen, was er entdeckt hat und eine Entscheidung über das weitere Vorgehen treffen. Wenn die Besitzer zuhause sind und dieses Bellen vorkommt, sagen sie aber leider meistens etwas in der Art von »Ruhe! ... Hör auf damit!« – was eine schlechte Strategie ist. Diese Art von Reaktion zeigt, dass der Besitzer die Grundlagen der Hundesprache einfach nicht versteht. Ein Hund deutet kurze, laute Äußerungen wie »Nein!«, »Ruhe!« oder »Klappe!« und ähnliches ebenfalls als Bellen. Stellen Sie es sich einmal aus seiner Sicht vor: Der Hund bellt, um auf ein mögliches Problem aufmerksam zu machen. Jetzt kommen Sie (der der Rudelführer sein sollte) dazu und beginnen ebenfalls zu bellen. Ihre Reaktion zeigt, dass Sie der Meinung sind, es gäbe wirklich Grund zum Schlagen von Alarm, was dann meistens zu noch wilderem Bellen auf Seite des Hundes führt.

Die richtige Reaktion wäre, die Botschaft zu erkennen, die der Hund Ihnen mitteilen möchte und sie ernst zu nehmen. Am besten stehen Sie auf und überprüfen ganz offensichtlich die Tür oder das Fenster, an dem der Hund bellt, so dass er sieht, was Sie tun. Manchmal hat er Recht und es gibt tatsächlich etwas, auf das Sie reagieren müssen, aber wenn es sich um einen Fehlalarm wie ein in Ihrer Einfahrt wendendes Auto oder eine Paketzustellung beim Nachbarn handelt, geben Sie ihm einfach mit einem ruhigen Satz wie »Gut aufgepasst, aber alles ist in Ordnung« Sicherheit. Streicheln Sie ihn kurz, führen Sie ihn von der Tür weg und lassen Sie ihn neben sich hinlegen. In den meisten Fällen reicht das aus. Dieses Vorgehen funktioniert, weil der Hund den Rudelführer darum bittet, nachzuprüfen, ob es ein Problem gibt – und sobald das geschehen ist und der Hund sicher ist, dass keine Gefahr droht, sieht er auch keinen Anlass mehr dazu, die Hausbewohner weiter mit seinem Bellen zu warnen.

Bedenken Sie, dass wir Hunde schließlich dazu gezüchtet haben, zu bellen. Also korrigieren Sie Ihren nicht, wenn er bei Annäherung eines Fremden oder auch nur dem Anblick einer Katze vor Ihrem Fenster Alarm schlägt. Wenn es keine Veranlassung zum Handeln gibt, rufen Sie ihn einfach zu sich und streicheln oder kraulen ihn kurz. Wenn Ihr Hund bellt, macht er einfach nur den Job, den wir ihm vor Tausenden von Jahren aufgetragen haben und für den wir ihn gezüchtet haben.

Was bedeutet Schwanzwedeln?

Die wahrscheinlich häufigste Fehlinterpretation von Hundeverhalten basiert auf dem Mythos, dass ein mit dem Schwanz wedelnder Hund glücklich und freundlich sei. Es kann zwar mit Glück zu tun haben, aber auch eine Reihe ganz anderer Dinge wie Angst und Unsicherheit oder Herausfordern eines Gegenübers signalisieren – oder sogar Warnung sein, dass Sie gebissen werden, wenn Sie noch näher kommen.

In gewisser Weise erfüllt das Wedeln die gleiche kommunikative Funktion wie das menschliche Lächeln, eine höfliche Begrüßung oder ein anerkennendes Nicken. Lächeln zum Beispiel ist ein soziales Signal und Menschen reservieren es meistens für soziale Situationen, in denen auch jemand zugegen ist, der es sehen kann.

Das Schwanzwedeln scheint für Hunde die gleichen Eigenschaften zu besitzen. Sie heben es für lebendige Dinge auf wie eine Person, einen anderen Hund, eine Katze, ein Pferd oder vielleicht auch eine große Staubflocke, die von einem Windhauch bewegt wird und lebendig erscheint. Ein Hund, der alleine ist, wird einen unbelebten Gegenstand nicht anwedeln. Wenn Sie seinen Futternapf auf den Boden stellen, wedelt er, um damit seine Dankbarkeit Ihnen gegenüber auszudrücken. Kommt er dagegen in einen Raum und findet dort seinen vollen Napf vor, wird er sofort hingehen und ihn ebenso glücklich leeren – allerdings diesmal ohne Schwanzwedeln, höchstens einem leichten aufgeregten Vibrieren seiner Rute. Dieser Unterschied ist ein Hinweis darauf, dass Schwanzwedeln als Kommunikation oder »Sprache« gedacht ist. So wie wir nicht gegen eine leere Wand sprechen, wedelt ein Hund auch nicht angesichts unbelebter Dinge mit dem Schwanz.

Wenn Schwanzwedeln eine Sprache ist, dann müssen wir die Vokabeln und Grammatik dieser Sprache kennen. Die beiden Hauptinformationsquellen sind die Position des Schwanzes und sein Bewegungsmuster. Die Bewegung ist ein sehr wichtiger Aspekt des Signals, da Hundeaugen Bewegung viel empfindlicher wahrnehmen als Details von Gegenständen oder Farben. Ein Schwanzwedeln ist also für andere Hunde sehr gut sichtbar. Die Evolution hat ein paar zusätzliche Tricks eingebracht, um das Wedeln noch besser sichtbar zu machen, wie zum Beispiel das Hervorheben der Schwanzspitze mit weißer oder dunkler Farbe oder besonders starker Behaarung.

Die Position des Schwanzes, insbesondere die Höhe, in der er gehalten wird, kann als eine Art Gefühlsbarometer betrachtet werden. Wird er auf mittlerer

Höhe getragen, ist der Hund entspannt. Eine waagerecht gestreckte Haltung bedeutet einen aufmerksamen und wachsamen Hund. Ein höher getragener Schwanz bedeutet, dass der Hund zunehmend mehr droht, wobei er senkrecht nach oben gestellter bedeutet »Ich bin hier der Boss« oder sogar »Geh zurück, oder du hast dir die Folgen selbst zuzuschreiben«. Eine niedrigere Schwanzposition ist ein Zeichen dafür, dass der Hund eher unterwürfig ist, besorgt ist oder sich nicht gut fühlt. Das Extrem ist ein bis unter den Bauch eingezogener Schwanz, der Angst und »Bitte tu mir nichts« ausdrückt.

Genau wie es von den friesischen Inseln bis Bayern Unterschiede im Dialekt unserer Sprache gibt, gibt es auch in der Körpersprache der Hunde Dialekte. Unterschiedliche Rassen tragen den Schwanz unterschiedlich hoch, von den Natur aus fast immer steil nach oben weisenden Ruten der Beagle und vieler Terrier bis zu den niedrig pendelnden von Greyhounds oder Whippets. Alle Schwanzhaltungen müssen also immer im Vergleich zu der für den jeweiligen Hund typischen Normalposition interpretiert werden.

Die Bewegung, die der Schwanz vollführt, verleiht den Signalen eine zusätzliche Bedeutung. Die Schnelligkeit des Wedelns zeigt an, wie aufgeregt der Hund ist, und zwar unabhängig von der Weite der Bewegung. Die seitliche Weite dagegen sagt uns, ob der Gefühlszustand des Hundes eher positiv oder negativ ist. Lassen Sie uns als Beispiel für das Zusammenspiel von Schwanzhaltung und Bewegungsmuster ein paar typische Formen des Schwanzwedelns anschauen:

- *Ein leichtes, nur wenig zur Seite ausholendes Schwanzwedeln* kommt meistens bei Begrüßungen vor und kann als zaghaftes »Hallo ihr da« oder hoffnungsvolles »Hier bin ich« interpretiert werden.

- *Ein weit ausholendes Wedeln ist ein freundliches* »Ich bedrohe dich nicht«. In vielen Zusammenhängen kann es auch »Ich freue mich« bedeuten und kommt der allgemeinen Auffassung vom »glücklichen Schwanzwedeln« am nächsten, vor allem, wenn gleichzeitig auch die Hüften des Hundes mitwackeln.

- *Ein langsames Wedeln auf »Halbmast«* ist weniger sozial als die meisten anderen Rutensignale. Allgemein ist langsames Wedeln mit weder besonders hoch (dominant) noch besonders niedrig (unterwürfig) getragenem Schwanz ein Zeichen für Unsicherheit darüber, was als Nächstes zu tun ist.

- *Sehr kleine und schnelle Wedelbewegungen, die eher an Vibrieren erinnern,* sind ein Zeichen dafür, dass der Hund kurz davor ist, etwas zu tun (in der Regel entweder weglaufen oder kämpfen). Wenn der Schwanz hoch getragen wird und vibriert, signalisiert dies am ehesten eine aktive Drohung.

Warum haben manche Hunde kupierte Schwänze?

Wenn Sie in einer Gruppe von Hundefreunden oder Tierärzten eine hitzige Debatte anzetteln möchten, müssen Sie nur das Thema Kupieren ansprechen. Die Argumente dagegen berufen sich meist auf Verstümmelung und Grausamkeit gegenüber denjenigen Hunden, deren Ruten entfernt wurden.

Das Thema wurde bis auf politische Ebene gehoben und der öffentliche Druck hat mehrere Länder, darunter Deutschland, Österreich und die Schweiz, dazu gebracht, das Kupieren ganz zu verbieten. Die Sache hat aber durchaus zwei Seiten, die man betrachten sollte.

Schwänze, oder Ruten, wie man sie in Hunde-Fachkreisen korrekter nennt, sind nützlich. Sie geben wichtige soziale Signale, die von anderen Hunden interpretiert werden. Die Höhe der Rute, ob sie gesträubt ist oder nicht, das Maß der Wedelbewegung und sogar ihre Form (gerade oder leicht gekrümmt bzw. gebogen) sind wichtige Kommunikationssignale, die den anderen Auskunft über den Gefühlszustand und den sozialen Status in der aktuellen Situation geben. Manchmal heißt es, dass Hunde mit kupierten Schwänzen leichter in aggressive Begegnungen mit anderen Hunden verwickelt werden. Das Argument dabei ist, dass der Hund mit dem kupierten Schwanz unklare oder missverständliche Signale aussendet.

Wenn das Kupieren die hündische Kommunikation stören kann, warum macht man es dann? Viele Gegner des Kupierens führen an, es handele sich um eine rein kosmetische Maßnahme. Ursprünglich begann es jedoch nicht einfach nur als Modetrend von Züchtern, die nach einem bestimmten Aussehen im Showring strebten. Viele Spanielrassen, die in manchen Ländern routinemäßig kupiert werden, haben zum Beispiel elegante und schön befederte Ruten, die den Hund sehr hübsch aussehen lassen. Historisch kupierte man aus ganz praktischen Gründen, die mit dem Arbeitseinsatz des Hundes zu tun hatten, nicht mit seinem Aussehen.

Der erste Grund für das Kupieren der Ruten hat etwas mit den Aufgaben von Wachhunden zu tun: Stellen Sie sich vor, Sie sind ein Einbrecher, der an einem Dobermann vorbeizukommen versucht. Eine lange Rute würde den Hund bei seiner Aufgabe behindern, denn Sie könnten ihn einfach daran packen und festhalten und ihn damit unter Kontrolle halten, wobei Sie gleichzeitig seinen Zähnen aus dem Weg gingen. Wenn es Ihnen gelingen würde, den Hund lange genug auf diese Weise ruhigzustellen, könnte ein Komplize ihn in der Zwischenzeit ohne

Gefahr für Sie beide außer Gefecht setzen. Für einen Wachhund kann die Rute also ein Hindernis sein und bei vielen Wachhunden in vielen Ländern werden sie deshalb oft sehr kurz kupiert. Wenn es keinen Schwanz gibt, gibt es für böse Menschen auch keine einfache Möglichkeit, den Hund festzuhalten.

Natürlich sind aber nicht alle Hunde, deren Ruten kupiert sind, Wachhunde. Teilweises oder vollständiges Kupieren ist bei über fünfzig Hunderassen immer noch Standard (in den USA und Kanada, Anm. d. Übers.). Bei vielen dieser Rassen war das Kupieren ursprünglich als simple Methode gedacht, um einer typischen Art von Verletzungen vorzubeugen. Bei Jagdhunden, die Wild durch dichtes Unterholz und Gestrüpp oder über felsiges Gelände verfolgen müssen, sind Verletzungen an der Rute besonders häufig. Die natürlichen Vor- und Zurückbewegungen beim Laufen können leicht zu einer blutigen oder gar gebrochenen Rute führen, die schmerzhaft und schwierig zu behandeln ist oder sogar die beim erwachsenen Hund riskantere Amputation erforderlich macht. Diese Verletzungsgefahr wird natürlich durch das Kupieren beim Welpen eliminiert.

Kürzlich befasste sich eine schwedische Studie mit dem Kupieren am Beispiel von Deutsch Kurzhaar-Hunden. Nachdem Schweden das Rutenkupieren 1989 verboten hatte, ließ sich eine merkliche Erhöhung der Zahl der Verletzungsfälle für diese Rasse feststellen. Im Jahr 1991 untersuchten die Wissenschaftler 191 Deutsch Kurzhaar mit unkupierten Ruten, die zum Zeitpunkt der Studie zwischen 24 und 30 Monaten alt waren. Erstaunliche 51% dieser Hunde hatten erhebliche Rutenverletzungen, die medizinische Behandlung erfordert hatten. Die Wahrscheinlichkeit für solche Verletzungen und ihre Schwere scheint von einigen recht offensichtlichen Faktoren abzuhängen. Die Wissenschaftler erwähnten die Lebhaftigkeit der Hunde und ihrer Schwanzbewegungen als einen davon. Außerdem war wichtig, wie oft der Hund zur Jagd eingesetzt wurde und wie das Gelände beschaffen war. In buschigem, waldigem oder steinigem Gelände arbeitende Hunde erlitten mit viel höherer Wahrscheinlichkeit Verletzungen der Rute als solche, die im Grasland oder Marschgebieten arbeiteten.

Hunde mit dickeren und gut bemuskelten Ruten wie zum Beispiel Labrador Retriever werden nicht kupiert und scheinen sich auch seltener dort zu verletzen. Bei manchen Rassen, wie dem Magyar Vizsla, ist die Rute am Ansatz ziemlich stark, aber am Ende häufig nach oben gebogen (womit sie leichter gegen Hindernisse stößt) und nur mit wenig Fett und Muskeln vor Ästen und Felsen geschützt. Bei dieser Rasse wird deshalb normalerweise nur das untere Rutendrittel kupiert. Das Kupieren im Welpenalter war bei dieser Rasse also als Vorbeugung vor schmerzhaften oder lebensbedrohlichen Verletzungen beim später erwachsenen Hund gedacht.

Der vermutlich seltsamste Grund für das Kupieren findet sich aber beim Old English Sheepdog. Die Farmer hatten versucht, eine Rasse zu züchten, bei der viele Welpen praktisch ganz ohne Rute geboren wurden. Kamen sie mit Rute zur Welt, wurde diese gleich hinter dem ersten Wirbel bis auf eine Länge von höchstens fünf Zentimetern kupiert. In der Folge bekamen diese Hundeden Spitznamen »Bobtail« *(etwa: Stummelschwanz, Anm.d. Übers.).* Warum? Nun, im frühen 19. Jahrhundert wurden in Großbritannien Steuern auf Nutztiere erhoben. Farmer wurden für jedes Tier besteuert, das sie besaßen. Nach Definition der Steuerbehörde waren »Nutztiere« definiert als »alle Lebewesen, die mit einem mehr als daumenlangen Schwanz geboren werden«. Da viele Old English Sheepdogs schwanzlos geboren wurden und andere so früh kupiert wurden, dass die Steuereintreiber nicht unterscheiden konnten, ob die Natur oder ein Chirurg für den aktuellen Zustand des Hundes verantwortlich waren, wurde die Steuer für diese Rasse kurzerhand abgeschafft!

Warum heulen Hunde?

Der Laut, den wir mit Wildkaniden wie Wölfen und Kojoten in Verbindung bringen, ist das Heulen. Haushunde bellen viel mehr als ihre wilden Vettern, aber heulen viel weniger. Für Wölfe erfüllt das Heulen mehrere Funktionen. Eine davon ist, das Rudel zur Jagd zu versammeln. Weil Wölfe am frühen Abend und am frühen Morgen jagen, überrascht es nicht, dass dies auch die Zeiten sind, zu denen man am häufigsten Wolfsheulen hören kann. Es ruft die Gruppe zusammen, die sich vielleicht schon zum Schlafen oder Ausruhen irgendwo im Unterholz zerstreut hat. Weil Haushunde ihr Futter von uns vorgesetzt bekommen, müssen sie nicht mehr heulen, um ihr Rudel zusammenzurufen und die tägliche gemeinsame Jagd abzustimmen.

Heulen erfüllt aber auch den sozialen Zweck, die Gruppenidentität zu stärken. Wenn Wölfe (oder Hunde) es hören, kommen die Gruppenmitglieder zusammen und stimmen in den Gesang ihres Rudels ein. Weil Heulen eine Aufforderung zum sozialen Kontakt ist, tun Hunde es häufig dann, wenn man sie gewaltsam irgendwo alleine weggesperrt oder sonstwie vom Rest der Familie isoliert hat. Dieses Heulen aus Einsamkeit hat die gleiche Funktion wie das Gruppenheulen. Es ist ein Versuch, andere Hunde oder die Menschen, die der Hund als seine Rudelmitglieder betrachtet, zusammenzurufen.

Dabei ist aber wichtig zu verstehen, dass nicht alles Heulen gleich ist. Die beiden häufigsten Typen sind das »Jaul-Heulen« und das »soziale Heulen«.

- *Das Jaul-Heulen* klingt etwa wie »Au-au-au-uuuuuuuu« mit stark verlängerter letzter Note. Es bedeutet meistens »Ich bin einsam«, »Ich fühle mich verlassen« oder »Ist da jemand?« Es ist das Heulen, das Sie am ehesten von einem Hund hören, der von der Gesellschaft seiner Familie ausgeschlossen wurde, weil er zum Beispiel über Nacht in Keller oder Garage gesperrt wurde.
- *Das soziale Heulen* ist das klassische Heulen, das ohne jede Fanfare beginnt und einen lang anhaltenden, ununterbrochenen Ton erzeugt. Es kann gelegentlich mit einer etwas höheren Note beginnen, bevor es die Hauptnote erreicht und manchmal wird der Ton gegen Ende nochmals etwas tiefer. Es ist für das menschliche Ohr wohlklingender als das »Jaul-Heulen« und wird oft als »traurig« bezeichnet. Es bedeutet aber »Ich bin hier!« oder »Das ist mein Revier!«. Ein selbstbewusstes Tier heult

oft allein aus dem Grund, um seine Präsenz anzuzeigen. Das soziale Heulen wird oft als Reaktion auf das Jaul-Heulen eines anderen Hundes geäußert und meint in dieser Situation: »Ich kann dich hören!«

Weil das Heulen eine soziale Funktion hat, kann es sein, dass andere Kaniden einstimmen. Oft wird es dann schnell zu einem fröhlichen gemeinsamen Chorgesang. Diese Stimmäußerung kann dann eine ganze Weile anhalten und Tiere der ganzen Umgebung oder Nachbarschaft mit einbeziehen. Bei diesen wilden Konzerten kommt die Musikalität der Kaniden zum Vorschein: Tonaufnahmen von Wölfen belegen, dass ein heulender Wolf seine Tonlage ändert, wenn andere in den Chor mit einstimmen. Kein Wolf scheint seinen Gesang mit einer anderen Note beenden zu wollen wie die übrigen Chormitglieder.

Was ist der Unterschied zwischen Heulen und Spurlaut geben?

»Spurlaut« geben Jagdhunde, wenn sie die Spur oder Geruchsfährte gefunden haben, nach der sie gesucht haben. Gibt eine ganze Meute von Jagdhunden Spurlaut, nennt man das in der Jägersprache »Geläut«. Wenn Sie es zum ersten Mal hören, erinnert es Sie vielleicht ein wenig an das Heulen. Die Forschung zeigt aber, dass es sich um eine viel komplexere Lautäußerung handelt. Der Spurlaut enthält viele Tonvariationen anstatt nur einer lange gehaltenen Note wie beim Heulen und besteht aus vielen kurzen Einheiten. Für mich klingt er immer wie eine Kombination aus Heulen und Jodeln. Auf jeden Fall ist er viel aufgeregter als Heulen und oft von freudiger Begeisterung geprägt.

Jagdhunde geben Spurlaut, um anzuzeigen, dass sie die Fährte ihrer Beute aufgenommen haben. In diesem Zusammenhang hat es etwas von der gleichen »Versammelt euch bei mir«-Absicht wie das Heulen – der Grund ist allerdings nicht Einsamkeit, sondern die Suche nach Kooperationspartnern für die Jagd. Weil es fast immer so ist, dass nur einige Hunde im Rudel gleichzeitig die Fährte haben, wird der Spurlaut von den übrigen Gruppenmitgliedern als »Folgt mir! Ich habe die Spur!« interpretiert. Wenn der Geruch stärker wird und darauf hinweist, dass das Rudel sich nun sehr dicht an der Beute befindet, wird der Spurlaut etwas weniger melodiös und die einzelnen Lauteinheiten werden kürzer, aber dafür häufiger und bedeuten etwa »Den holen wir uns!« oder »Alle zusammen jetzt!«.

Der Spurlaut der Jagdhunde ist nicht nur für die anderen Hunde im Rudel wichtig, sondern auch für die Menschen, die sie begleiten. Für Jäger besteht seine Hauptfunktion darin, jederzeit genau zu wissen, wo die Meute sich gerade aufhält. Sowohl für Jäger als auch für die Führer von Fährtenhunden liefern die Anzahl der Spurlaut gebenden Hunde und dessen Intensität Hinweise darauf, wie stark und frisch der Geruch und wie nah damit das Zielobjekt ist. Wissenschaftler haben bewiesen, dass man Bloodhounds züchten kann, die keinen Spurlaut geben. Menschen, die mit diesen Hunden arbeiten, halten dies jedoch für keine gute Idee, weil es ihnen wertvolle Informationen darüber vorenthält, wie die Jagd oder Nachsuche vorangeht.

Der Gesang einer ganzen Spurlaut gebenden oder »läutenden« Meute kann recht melodisch sein. Früher selektierten manche Jäger in der Zucht Jagdhunde sogar danach, welche die harmonischsten

Lautkombinationen zeigten. So beschrieb Gervase Markham beispielsweise 1615 in seinem Buch Country Contentments, wie man Jagdhundemeuten auf verschiedene Tonlagen »stimmen« konnte. Für eine Meute mit wohlklingendem Geläut empfahl Markham, »ein paar große Hunde mit tiefen, feierlichen Stimmen ... die den Bassklang im Orchester übernehmen, dann eine doppelte Anzahl laut klingender Mäuler als Countertenor und ein paar gewöhnliche schöne Stimmen für den Haupt- oder Mittelpart.« Schließlich riet er noch »... zu diesen fügen Sie noch eine Koppel oder zwei kleiner singender Beagle hinzu, die als kleine Soprane unter den anderen trällern können«, um eine harmonische Sinfonie zu erhalten.

Kündigt das Heulen eines Hundes den Tod eines nahen Menschen an?

Der Glaube, dass Hunde übernatürliche oder übersinnliche Fähigkeiten hätten, hat eine lange Tradition und findet sich in vielen Kulturen. Eine der fast überall anzutreffenden Überzeugungen ist, dass das Heulen eines Hundes ein Todesvorzeichen sei. Ich erlebte das an einem Beispiel, als ich einmal mit der US Armee in Kentucky trainierte. Eine alte Dame, die ich nur als Tante Lila kannte, sagte mir, wenn ein Hund zwei Mal hintereinander kurz heule, würde dies bedeuten, dass ein Mann stirbt. Drei Mal Heulen dagegen wiese auf eine Frau hin. »Die Hunde schauen in die Richtung desjenigen, der bald stirbt«, sagte sie. »Mein Vater sagte immer, es sei Glück, wenn ein Hund einem beim Heulen den Rücken zuwendet.«

Mitunter wird die Verbindung zwischen heulenden Hunden und dem Tod auf das alte Ägypten zurückgeführt. Der Totengott Anubis wurde dort mit einem Hundekopf dargestellt. Deshalb glaubte man, dass ein heulender Hund eine Seele zu Anubis rufen würde.

In Irland besagt ein alter Volksglaube, dass Hunde deshalb heulen, weil sie die Meute der sagenhaften »Wilden Jagd« hören, wenn sie über den Himmel fegt und die Seelen der Sterbenden einfängt.

Eine amüsantere Erklärung liefert uns eine alte norwegische Legende, die mit der Göttin Freya zu tun hat: Sie war für Liebe, Fruchtbarkeit und Zauberei zuständig, aber auch die Göttin des Todes. Sie fuhr stets mit ihrem von Katzen gezogenen Wagen über den stürmischen Himmel. Weil Katzen die natürlichen Feinde von Hunden sind, glaubte man, dass Hunde zu heulen beginnen, wenn sie spüren, dass Freya sich mit ihren mystischen Katzen näherte.

Wenn wir die übernatürlichen Erklärungen einmal außer Acht lassen, gibt es noch eine andere einfache Erklärungsmöglichkeit für den Glauben, dass das Heulen eines Hundes den nahen Tod ankündigen würde. Sie hat mit der typisch menschlichen Denkweise der selektiven Erinnerung zu tun und dem, was Psychologen als »Bestätigungsfehler« bezeichnen. Wir haben schon früher darüber gesprochen, als es um den »siebten Sinn« der Hunde ging. »Bestätigungsfehler« bedeutet, dass Menschen solche Ereignisse eher bemerken oder sogar nach ihnen Ausschau halten, die sie in ihrem Glauben bestärken; gleichzeitig aber

Beobachtungen ignorieren oder als unbedeutend erachten, die ihrem Glauben widersprechen. Das klassische Beispiel dafür ist jemand, der glaubt, bei Vollmond würden besonders viele Verbrechen begangen oder Unfälle geschehen. Er wird besonders darauf achten, wenn solche Ereignisse bei Vollmond geschehen, sie aber weniger bemerken oder sich schlechter daran erinnern, wenn sie zu einem anderen Zeitpunkt stattfinden. Mit der Zeit führt solch eine verzerrte Wahrnehmung unweigerlich zu dem festen Glauben, es bestünde ein Zusammenhang zwischen Vollmond und der Kriminalitätsrate oder Unfallstatistik.

Kehren wir nun zum heulenden Hund zurück und nehmen an, jemand im Haus ist schwer krank. Weil man sich um die kranke Person kümmern muss, betrachtet man den Hund, der normalerweise im Haus lebt, vielleicht als lästig oder möglicherweise störend für den Patienten. Also wird er nach draußen geschickt oder vorübergehend irgendwo weggesperrt. Ein Hund, der normalerweise von seiner Familie umgeben ist oder sogar gewohnt war, mit der jetzt kranken Person im gleichen Raum zu schlafen, ist also plötzlich alleine. Wir wissen, dass Hunde aus einem Gefühl der Einsamkeit heraus heulen und damit versuchen, ihre Rudelmitglieder herbeizurufen. Die Menschen sind von dem unerwarteten Verhalten des Hundes möglicherweise überrascht und erinnern sich nur an etwas in der Art von: »Großvaters Hund hat noch nie vorher geheult, aber in der Nacht, als er starb, heulte er ganz fürchterlich, weil er spürte, dass es zu Ende ging.« In Wahrheit war es vermutlich so, dass der Hund noch nie zuvor geheult hatte, weil er noch nie zuvor von seiner Familie getrennt und ausgesperrt worden war.

Damit haben wir alle Voraussetzungen für die Entstehung eines Aberglaubens mit den folgenden Elementen:

1. Es ist üblich, einen Hund aus dem Haus auszusperren, wenn jemand ernsthaft krank ist.

2. Ein ernsthaft kranker Mensch kann sterben.

3. Ein isolierter, einsamer Hund heult eher.

4. Es existiert bereits der traditionelle Glauben, das Heulen eines Hundes würde ein bevorstehendes Unglück ankündigen.

Wenn man solche zufälligen Verbindungen mit unserer menschlichen Neigung dazu kombiniert, sich nur an die Fälle zu erinnern, in denen unsere Vorhersagen zutrafen, haben wir alle Elemente beisammen, um ein weiteres Beispiel für die angeblich übernatürlichen und seherischen Fähigkeiten von Hunden zu produzieren – in diesem Fall das Heulen beim nahenden Tod.

Benutzen Hunde wirklich Urin zur Kommunikation?

Für Hunde ist der wichtigste Sinn der Geruchssinn. Das Wahrnehmen von Gerüchen ist für sie das, was das Lesen einer geschriebenen Botschaft für uns ist. Wenn ein Hund einem anderen eine Nachricht schreiben möchte, womit würde er das dann tun? Die Entsprechung zur Tinte ist für ihn in vielerlei Hinsicht Urin. Viele der Stoffe, die Informationen über Alter, Geschlecht, Gefühlslage, Paarungsbereitschaft oder Gesundheitszustand enthalten, sind im Urin gelöst. Geruchsproduzierende chemische Stoffe, die soziale Informationen übermitteln können, nennt man »Pheromone«. Hunde haben sogar ein spezielles Geruchserkennungssystem namens »Jacobson'sches Organ« oder »vomeronasales Organ«. Es handelt sich dabei um einen runden Hohlraum direkt oberhalb des Gaumens, der mit besonderen Empfängerzellen ausgekleidet ist. Er ist über Kanäle sowohl mit dem Maul als auch mit der Nase verbunden, damit Geruchsmoleküle eindringen können. Die hohe Anzahl der Nerven in diesem Organ und seine starke Durchblutung lassen darauf schließen, dass es für den Hund wichtig sein muss. Dies wird zusätzlich durch die Tatsache unterstützt, dass es in den im Gehirn befindlichen Riechkolben einen speziellen Bereich gibt, der nur für die Verarbeitung von Informationen aus diesem kleinen Geruchsrezeptor zuständig ist.

Der Urin enthält wegen der in ihm gelösten Pheromone eine ganze Menge Informationen über den jeweiligen Hund. Laternenpfosten und Bäume an beliebten Gassistrecken können, weil sie beliebte Pinkelziele sind, für Hunde damit eine tolle Möglichkeit sein, sich schnüffelnd über die neuesten Ereignisse auf dem Laufenden zu halten. Jeder Baum ist eine riesige Hundezeitung mit den aktuellen Nachrichten aus der Hundewelt. Diese mag zwar kein Literaturfeuilleton enthalten, ganz sicher aber eine Klatschspalte und private Kleinanzeigen.

Wenn meine Hunde in einer häufig von Hunden frequentierten Stadtstraße schwer beschäftigt an einem Lieblingsbaum oder -pfosten schnüffeln, stelle ich mir manchmal vor, dass sie die Nachrichten laut vorlesen würden. Vielleicht heißt es in der Ausgabe von heute morgen: »Die Zwergpudelhündin Gigi ist neu in dieser Wohngegend eingezogen und sucht Gesellschaft – Antworten von kastrierten Rüden zwecklos.« Oder: »Rosco, kräftiger Deutscher

Schäferhund im besten Alter, teilt mit, dass er ab sofort der Top Dog ist und diese ganze Stadt als sein Revier markiert. Jeder, der ihn herausfordern möchte, sollte sich vorher besser vergewissern, dass er seine Krankenversicherung bezahlt hat.«

Der größte Unterschied im Leseverhalten von Hunden und Menschen besteht darin, dass Menschen das ganze Schriftstück lesen dürfen. Viele Hunde schaffen es dagegen lediglich die »Schlagzeilen« zu lesen, bevor sie an der Leine weitergezerrt werden. Das liegt daran, dass viele Besitzer es für »unsauber« und eklig halten, wenn ihr Hund an Stellen schnüffelt, die andere zuvor mit Urin markiert haben. Manche unaufgeklärten Hundebesitzer bestrafen ihre armen Hunde möglicherweise sogar dafür, dass sie versuchen, die Nachrichten aus ihrem Viertel zu lesen.

Lampenpfosten und Bäume sind deshalb so beliebte Orte zum Deponieren urinverschlüsselter Nachrichten, weil Rüden bevorzugt an senkrechten Flächen »markieren«. Wenn der Geruch sich über Bodenniveau befindet, kann er nämlich vom Wind viel weiter getragen werden. Weil Hunde Urin auch zum Markieren ihres Reviers benutzen, ist es außerdem wichtig, dass die Nachricht so lange wie möglich erhalten bleibt. An einer senkrechten und erhöhten Fläche bleibt sie länger lesbar, weil sie nicht so schnell vom Regen weggewaschen wird wie auf waagerechten Flächen, auf denen das Wasser in Pfützen stehen bleibt.

Ein weiterer extrem wichtiger Grund dafür, dass senkrechte und erhöhte Flächen zum Pinkeln genutzt werden, ist, dass die Höhe der Urinmarkierung allen anderen etwas über die Körpergröße des Hundes mitteilt, der die Markierung hinterlassen hat. Unter Kaniden ist Größe ein sehr wichtiger Faktor zur Festlegung von Dominanz. Weil Dominanz für Rüden wichtiger zu sein scheint als für Hündinnen, haben sie die Angewohnheit entwickelt, zum Pinkeln ein Bein zu heben, damit sie mit ihrem Urinstrahl höher zielen können. Außerdem ist es für andere Hunde umso schwieriger, die Nachricht durch Übermarkieren unleserlich zu machen, je höher sich diese befindet.

Manche Hunde betreiben auch »Imagepflege« mit Urin als Medium. Um andere Hunde davon zu überzeugen, dass sie der »größte Hund« der Gegend sind, versuchen sie, ihre Urinmarken so hoch wie irgend möglich anzubringen. Manchmal sieht man Hunde, die dabei fast umfallen, weil sie nicht nur ihr Bein extrem hoch heben, sondern sich auch noch zurücklehnen, damit der Urinstrahl einen höheren Bogen erreicht.

Einmal erlebte ich ein eher merkwürdiges Beispiel für einen Versuch, eine extrem hohe Markierung anzubringen. Der Hund war ein Basenji, ein kleiner afrikanischer Windhund, der in vielen Verhaltensweisen immer noch den ursprünglichen Wildhunden Afrikas ähnelt. Dieser eine Basenji, ein starker, unkastrierter Rüde namens Zeb, hatte ein Urinier-Muster übernommen, das manchmal von Wildhunden benutzt wird. Er suchte sich einen Baum aus und rannte zielstrebig darauf zu. Sobald er sich nahe genug am Stamm befand, sprang er hoch, sodass seine Hinterpfoten quasi den Baum hinaufliefen. Dieser Trick ließ ihn meistens anderthalb bis zwei Meter hoch den Baum hinaufkommen. Auf dem Höhepunkt seiner Sprungkurve warf er sich geschickt herum, sodass er wieder auf den Pfoten landete und einen perfekten Bogen beschrieb. Die wahre Absicht dieser Showeinlage wurde dadurch deutlich, dass Zeb seinen akrobatischen Salto stets mit einem kontinuierlichen Urinstrom kombinierte. So hinterließ das Ritual natürlich einen Uringeruch, der weit über dem der anderen Hunde der Gegend lag. Ich habe mich oft gefragt, was Zebs Nachbarn wohl dachten, wenn sie seine Kleinanzeige lasen. »Hmmm, ich glaube hier lebt ein Hund in der Größe von King-Kong in der Nähe« oder etwas in der Art.

Es sind zwar meistens Rüden, die ihr Bein heben, aber auch für Hündinnen ist dieses Verhalten nicht ganz ungewöhnlich. Es scheint etwas mit der Selbstachtung und dem Selbstvertrauen zu tun zu haben. Allgemein kann man sagen, dass dominante Hündinnen viel öfter ihr Bein zum Pinkeln heben als schüchterne und nicht sehr selbstbewusste. Auch der sexuelle Status spielt eine Rolle. Kastrierte Hündinnen heben viel seltener das Bein, auch wenn sehr dominante es manchmal auch dann noch tun, wenn sie gar nicht mehr fruchtbar sind. Auch die Umwelt spielt eine Rolle. Sind viele sexuell aktive Hündinnen in der Nähe, werden andere Hündinnen mit größerer Wahrscheinlichkeit das Bein heben. In Dänemark zum Beispiel, wo das Kastrieren von Hündinnen nicht so weit verbreitet ist, sieht man viel öfter beinchenhebende Hündinnen als in den USA oder Kanada, wo in der Stadt fast alle kastriert sind.

Warum beschnüffeln Hunde uns so gern im Schritt?

Oft sind Menschen peinlich berührt, wenn ein Hund angedackelt kommt und sie im Schritt zu beschnüffeln beginnt oder ihnen die Nase ins Hinterteil bohrt. Wie bereits erwähnt, ist die Hundenase auf Gerüche eingestellt, die eine besondere biologische Bedeutung haben – insbesondere auf Pheromone, also auf geruchsproduzierende chemische Stoffe, die sie ausscheiden, um damit Informationen an andere zu übermitteln. Spezielle Schweißdrüsen, die sogenannten »apokrinen« Drüsen, sondern Pheromone ab, die Informationen über Alter, Geschlecht, Gesundheit oder sogar den Gefühlszustand vermitteln. Bei Hunden und den meisten anderen Säugern sind die apokrinen Schweißdrüsen über den ganzen Körper verteilt, wobei ihre Konzentration im Genitalbereich am größten ist. Sogar in den Haarfollikeln befinden sich pheromonausscheidende apokrine Zellen, sodass das gesamte Fell eines Hundes mit diesen Substanzen ummantelt wird und deren Geruch sich konzentriert. Andere Hunde können ihn dann folglich besser wahrnehmen. Fast sofort nach dem Ausscheiden werden diese Sekrete von Bakterien besiedelt, die sie verändern und den Geruch intensivieren. Pheromongerüche lassen nicht nur Rückschlüsse auf Geschlecht, Alter, Gesundheitszustand und Stimmung des Individuums zu, sondern übermitteln auch viele sexuelle Informationen, wie zum Beispiel, in welcher Phase ihres Zyklus sich eine Hündin gerade befindet, ob sie tragend oder scheintragend ist.

Beim Menschen befinden sich die apokrinen Drüsen nur an bestimmten Körperstellen, mit der größten Dichte in den Armbeugen und im Schritt. Hunde beschnüffeln diese Stellen also aus dem gleichen Grund, aus dem sie auch die Genitalien anderer Hunde beschnüffeln. Dabei wird genau wie bei der Begegnung mit Hunden auch Fremden die meiste Aufmerksamkeit zuteil, besonders, wenn der Geruch auch eine sexuelle Komponente hat. So scheinen Menschen, die vor Kurzem Geschlechtsverkehr hatten, diesbezüglich ganz besonders stark das Interesse von Hunden auf sich zu lenken. Menstruierende Frauen oder solche, die vor Kurzem ein Kind geboren haben (besonders, wenn sie noch stillen) werden ebenfalls besonders häufig unhöflich von Hunden in ihrer Genitalregion beschnüffelt.

Auch der Eisprung der Frau scheint eine Änderung in den Pheromonen zu bewirken, die auf Hunde anziehend wirkt. Einigen Wissenschaftlern fiel auf, dass das

Beschnüffeln des Schritts um den Zeitpunkt des Eisprungs herum deutlich häufiger stattfindet und beschlossen, diese Tatsache praktisch nutzbar zu machen. Sie trainierten einige Australian Shepherds dazu, aus einer Herde Kühe diejenigen herauszufinden, die gerade ihren Eisprung hatten, sodass die Landwirte die kurze fruchtbare Phase besser für die Zucht nutzen konnten. Der »Schnüffeltest« der Hunde ist vermutlich einfacher und zuverlässiger als die meisten anderen Methoden zur Bestimmung des Eisprungs. Vielleicht könnte hieraus sogar eine neue Art von Assistenzhunden für Menschen entstehen? Millionen von Frauen, die aus religiösen oder kulturellen Gründen nur ihren natürlichen Rhythmus zur Geburtenkontrolle nutzen, könnten von speziell ausgebildeten Hunden darüber informiert werden, wann sie fruchtbar sind. Was der bekannten Klage zahlreicher Ehemänner darüber, dass ihr Sexleben »vor die Hunde« gegangen sei, eine ganz neue Bedeutung verleihen könnte!

Auch wenn das Schnüffeln im Schritt also ein ganz normales Hundeverhalten ist, zeigen viele Menschen sehr negative Reaktionen, wenn ein Hund ihren Körper nach Geruchsbotschaften abzusuchen beginnt. Ein Beispiel dafür, wie diese Ablehnung des Beschnüffeltwerdens ihr Extrem erreichte, war der Fall von Barbara Monsky, einer Lokalpolitikerin aus Waterbury in Connecticut. Monskys Reaktion war so negativ, als sie von einem Hund beschnüffelt wurde, dass sie sowohl gegen den Hund, einen Golden Retriever namens Kodak, als auch gegen dessen Besitzer, den Richter Howard Moraghan, Anzeige erstattete. Dabei bezichtigte sie Moraghan der sexuellen Belästigung. Richter Moraghan brachte seinen Hund öfter mit ins Gericht von Danbury, wo dieser Monsky nach deren Aussage sexuell belästigt haben sollte, indem er sie mindestens drei Mal mit der Nase unter ihren Rock stieß und beschnüffelte. Monsky begründete ihre Anzeige damit, dass der Richter Komplize bei dieser Belästigung gewesen sei, weil er nichts dagegen unternommen habe. Als der Fall letzten Endes vor dem Amtsrichter Gerard Goettel landete, wies dieser zum Glück für alle Hundebesitzer die Klage ab. In einem Interview erklärte er später, dass »Unhöflichkeit von Seiten eines Hundes keine sexuelle Belästigung durch dessen Besitzer« darstelle.

Warum besteigen auch kastrierte Hunde noch andere Hunde?

Das als Aufreiten oder umgangssprachlich als »Rammeln« bezeichnete Besteigen eines Hundes durch einen anderen Hund, der dabei auf den Hinterbeinen steht, den anderen mit den Vorderpfoten umfasst und mit den Hüften stößt, ist Teil des Sexualverhaltens. In sehr vielen Interaktionen von Hunden untereinander hat es aber gar nichts mit Sex zu tun, sondern viel mehr mit sozialer Dominanz.

Dass dieses Aufreiten von sexuellen Absichten relativ unabhängig sein kann, sehen Sie, wenn Sie das Verhalten von Welpen beobachten. Sie zeigen diese Art von Aktivität schon lange vor Erreichen der Pubertät (die im Alter zwischen sechs und acht Monaten eintritt). Welpen beginnen dann mit dem Aufreiten, sobald sie laufen können und wenn sie miteinander spielen können. Es ist ein Verhalten von sozialer, nicht von sexueller Bedeutung. Für Welpen ist das Aufreiten eine der frühesten Gelegenheiten, etwas über ihre eigenen körperlichen Fähigkeiten und ihr soziales Potenzial zu lernen. Im Grunde stellt es einen Ausdruck von Dominanz dar. Ein stärkerer und autoritärer Welpe besteigt seine unterwürfigeren Brüder und Schwestern allein aus dem Grund, um seine Dominanz und seinen Führungsanspruch zu zeigen. Dieses Verhalten wird dann ins Erwachsenenalter mitgenommen und hat die Bedeutung von Macht und Kontrolle, nicht von Sex.

Weil das Aufreiten als Signal für soziale Dominanz gebraucht wird und nicht unbedingt mit Fortpflanzung zu tun haben muss, trifft seine soziale Bedeutung sowohl auf Rüden als auch auf Hündinnen zu. Als Demonstration, die zur Herausforderung eines anderen Hundes oder zur Sicherung der eigenen Dominanz dient, kann dieses Verhalten auch zwischen gleichgeschlechtlichen Hunden auftreten. Ein Rüde, der einen anderen Rüden besteigt, zeigt deshalb keine homosexuellen Neigungen, sondern sagt einfach »Ich bin hier der Boss«. Auch Hündinnen können das Aufreiten als Statement ihrer sozialen Position einsetzen. Sie können über andere Hündinnen oder sogar andere Rüden dominant sein und dies durch Einnehmen der Aufreite-Position bekräftigen.

Dies hat nichts mit sexueller Verwirrung zu tun, weil die dynamische Struktur der Hundegesellschaft nicht allein eine Frage des Geschlechts ist. In der Welt der Hunde hängt der Status mehr von Größe und körperlichen Fähigkeiten kombiniert mit Motivation und bestimmten Charaktermerkmalen ab. Gemäß traditioneller Interpretation existieren in der sozialen Struktur von Hunden drei verschiedene Hierarchien:

- Die allgemeine Rangordnung in einem Rudel beginnt mit einem Anführer an der Spitze und endet beim »Underdog«.
- Für jedes Geschlecht gibt es einen Anführer oder »Alpha«, sprich eine Alphahündin und einen Alpharüden, wobei einer von beiden wiederum Anführer des gesamten Rudels ist.
- Die Rüden und Hündinnen unterhalb der Alphahunde haben alle ihre zusätzliche eigene Rangfolge.

Das Aufreiten kann an jeder Position dieser Rangordnung zum Zeigen von Dominanz eingesetzt werden: Sie können also Rüden auf Rüden, Hündinnen auf Hündinnen oder Hündinnen auf Rüden aufreiten sehen. Keines dieser Verhalten beinhaltet irgendeine Form sexueller Avancen oder von sexueller Aufforderung. Stattdessen sollte es als sehr deutliches Signal für ernsthafte soziale Ambitionen auf Seiten des aufreitenden Hundes betrachtet werden. Der dominante Hund oder »Top Dog« ist wortwörtlich der, der »on top«, also oben, ist.

Weil das Aufreiten meistens ein Versuch ist, einen höheren sozialen Status in der Beziehung zu einem anderen Hund zu erreichen, überrascht es nicht, dass der Glaube, man können einen Hund durch Kastration von diesem Verhalten abbringen, nur ein Mythos ist. Durch die Kastration werden Geschlechtshormone wie zum Beispiel Testosteron beim Rüden eliminiert, was dazu führt, dass die aggressiven Tendenzen eines Rüden und einiges von seinem sonstigen Dominanzverhalten abgeschwächt werden können. So gesehen kann sie auch die Häufigkeit des Aufreitens verringern. Der grundlegende Charakter und die Persönlichkeit eines Hundes werden durch die Kastration aber nicht verändert, was bedeutet, dass ein kastrierter, aber dominanter Rüde mit Führungsanspruch immer noch Aufreiteverhalten zeigen kann. Das Entfernen der Geschlechtshormone bewirkt allerdings eine Verringerung der Intensität, mit der der Hund seine sozialen Ambitionen verfolgt. Je älter der Hund zum Zeitpunkt der Kastration ist, desto weniger werden seine dominanten Merkmale aber beeinflusst, weil das Vorhandensein von Testosteron bereits die Entwicklung des Gehirns beeinflusst hat.

Viele Menschen finden es zwar inakzeptabel, wenn ihr Hund auf andere aufreitet, aber verglichen mit echten Kämpfen unter Einsatz von Zähnen und mit offenen Angriffen auf andere Hunde ist es wirklich kontrolliert und harmlos.

Oft versuchen Hunde auch, auf Menschen aufzureiten. Davon ausgehend, dass Aufreiten meistens ein Dominanz-Statement ist, sollte nun klar sein, dass der Hund, der Ihr Knie umklammert und fröhlich rammelt, damit nicht etwa »Ich liebe dich« ausdrückt oder amouröse Absichten hat. Wenn Hunde Menschen »berammeln«, versuchen sie damit fast immer, ihr Gefühl der Überlegenheit zum Ausdruck zu bringen. Sie möchten also gerne Rudelführer sein. Diese Art von Aussage ist einfach nicht akzeptabel für einen Hund und sollte sofort unterbunden werden, um die normale soziale Hierarchie zu erhalten, in der die Menschen immer über den Hunden stehen sollten.

Warum wälzen Hunde sich in Müll, Mist und anderen stinkenden Dingen?

Ich wurde schon oft von Hundehaltern gefragt, warum ihr ansonsten doch augenscheinlich ganz bei klarem Verstand befindlicher Vierbeiner sich in Abfällen, Mist oder ähnlich furchtbar riechendem Unrat wälzen würde. Ein Mann erzählte mir sogar, dass er mit seinem Hund nicht mehr am Strand spazieren gehen würde, denn immer, wenn irgendwo ein toter Fisch oder ein Knäuel Seetang mit verfaulender organischer Masse angespült würde, würde sein Hund schnurstracks zu diesem stinkenden Unrat laufen und sich darin wälzen. Anschließend würde er meistens so stinken, dass er gebadet oder zumindest abgespritzt werden müsste, bevor man ihn wieder ins Haus lassen könne.

Es wurde schon mit mehreren Theorien zu erklären versucht, warum Hunde sich gerne in für uns eklige, strenge Gerüche einhüllen. Eine der dümmsten davon ist, dass dieses Verhalten der Parasitenbekämpfung diene. Insekten wie Flöhe oder Läuse würden, so diese Auffassung, sich auf etwas so schrecklich Riechendem nicht aufhalten. Leider scheinen sich die meisten Insekten von schlechten Gerüchen an Hunden aber nicht im Geringsten abschrecken zu lassen. Im Gegenteil, viele werden von solchen Gerüchen erst recht angezogen, weil sie normalerweise das Vorhandensein sich zersetzender organischer Materie anzeigen – und die wiederum ist eine tolle Nahrungsquelle für Insekten.

Eine zweite Theorie behauptet, das Wälzen in stark riechenden Dingen sei eine Methode, anderen Rudelmitgliedern Nachrichten zu übermitteln. Hunde und Wölfe scheinen sich gern in stinkenden Dingen zu rollen, aber wenn Sie einmal darauf achten, was sie auswählen, um sich zu parfümieren, dann sind dies immer organische Dinge wie Kot und Mist, Aas und so weiter.

Weil die wilden Vorfahren der Hunde nicht nur Jäger, sondern auch Aasfresser waren, könnte viel von dem Zeugs, in dem sie sich wälzen, noch essbar sein. Demnach würde sich der Wildcanide darin wälzen und dann zum Rudel zurückkehren, wo die anderen sofort den Geruch wahrnehmen würden und folglich wüssten, dass sich in der Nähe etwas befindet, was als Futter durchgehen könnte. Wenn das stimmen würde, wäre aber zu erwarten, dass immer dann, wenn ein Wildcanide mit seinem neuen Geruch zum Rudel zurückkäme, alle anderen sofort zu der Stelle laufen würden, wo ihr Kumpel gerade herkam. Das ist aber ganz sicher nicht der Normalfall.

Eine dritte Theorie mutmaßt, dass der Hund gar nicht versucht, den Geruch der stinkenden Dinge anzunehmen, in denen er sich wälzt, sondern ihn umgekehrt mit seinem eigenen Geruch zu überdecken versucht. Sicherlich stimmt es, dass Hunde und Wölfe sich oft auf Dingen wie einem Stöckchen oder neuen Hundebett wälzen, als ob sie versuchen würden, ihren Duft darauf zu hinterlassen. Manche Psychologen sind auch der Meinung, dass Hunde sich auch deshalb an Menschen reiben, um ihren Geruch an ihnen zu hinterlassen und sie als Rudelmitglieder zu kennzeichnen, genau wie sich auch Katzen an Menschenbeinen reiben, um sie mit ihrem Duft zu markieren.

Die aus evolutionärer und adaptiver Sicht sinnvollste Erklärung ist, dass dieses Verhalten ein Versuch sein könnte, sich zu tarnen. Demnach hätten wir es hier also mit einem Verhalten zu tun, das aus einer Zeit übrig geblieben ist, als unsere Haushunde noch wild waren und jagen mussten, um zu überleben. Wenn eine Antilope den Geruch eines Wildhundes, Schakals oder Wolfs in der Nähe wittert, springt sie mit großer Wahrscheinlichkeit auf und flieht. Wildhunde hätten aus diesem Grund gelernt, sich in Antilopendung oder Antilopenaas zu wälzen. Antilopen sind an den Geruch ihrer eigenen Ausscheidungen gewöhnt und auch der Geruch nach Aas ist nicht ungewöhnlich in den großen Ebenen, in denen viele Tiere leben. Antilopen oder andere Beutetiere haben deshalb weniger Angst oder hegen weniger Verdacht gegen ein haariges Wesen, das nach ihnen selbst riecht, als nach einem, das nach Wolf riecht. Sich selbst mit irreführenden Gerüchen zu tarnen ermöglicht es dem jagenden Wildkaniden, viel näher an seine Beute heranzukommen.

Die spekulativste aller Theorien beruht darauf, dass die wichtigste Sinneswahrnehmung für uns Menschen das Sehen, für Hunde aber das Riechen ist. Genau wie Menschen mögen auch Hunde es, wenn ihre Sinne angenehm gereizt werden und es wäre gut vorstellbar, dass sie dies exzessiv auskosten könnten. Man könnte also argumentieren, dass der tatsächliche Grund dafür, warum Hunde sich in extrem stark riechenden Dingen wälzen, einfach ein Ausdruck des gleichen Sinns für Ästhetik sei, der Menschen dazu treibt, schreiend bunte Hawaiihemden zu tragen.

Warum berühren sich Hunde mit den Nasen?

Manche Hundeverhalten sind extrem weit verbreitet, aber wir denken selten über sie nach – und wenn doch, dann haben wir keine Ahnung (oder die falsche), warum sie gezeigt werden. Ein einfaches Beispiel dafür ist die Tatsache, dass Hunde bei Begegnungen mit Artgenossen ihren sozialen Austausch oft damit beginnen, dass sie sich gegenseitig an den Nasen berühren. Für diejenigen von uns, die sich mit Kommunikation unter Tieren auskennen, scheint dieser Schnauzenkontakt Teil eines Begrüßungsrituals zu sein. Bei Katzen ist er übrigens weiter verbreitet als bei Hunden und wird oft noch von Reiben am Körper des anderen oder ausführlichem Schnüffeln an Kopf oder Körper des Gegenübers begleitet. Katzen wenden diesen begrüßenden Nasenkontakt praktisch bei jeder anderen Katze an, die sie treffen und die ihnen nicht bedrohlich erscheint.

Hunde sind mit ihrem Nase-zu-Nase-Kontakt anscheinend wählerischer. Nicht jede Begrüßung geht mit einem Schnauzenkontakt einher. Welpen werden von erwachsenen Hunden aber fast immer so begrüßt. Außerdem ist es ziemlich üblich, dass Hunde auch zur Begrüßung anderer unbedrohlicher Tierarten Nasenkontakt zeigen. So kann man Hunde beobachten, die Katzen, Kätzchen, Pferde und so weiter an der Nase berühren. Auch ein über den Fußboden krabbelndes Kleinkind wird oft von einem sich nähernden Hund mit der Nase begrüßt.

Ein paar formlose von mir angestellte Beobachtungen haben ergeben, dass Nasenberührungen ein wichtiger Teil der Welpensozialisation sein können. Bei einigen Rassen, die im Ruf stehen, als Erwachsene gerne zum Schnappen zu neigen (wie zum Beispiel Corgis), empfehle ich, dass die Familienmitglieder oder Freunde und Bekannte darum gebeten werden sollten, etwas Nasenkontakt mit dem Welpen zu pflegen. Dies scheint die Sozialisation zu beschleunigen und die Wahrscheinlichkeit zu verringern, dass der Hund später schnappt. Dieser frühe Nasenkontakt mit Menschen scheint bei allen Rassen zu bewirken, dass die Annäherung von Personen, die ihnen direkt in die Augen schauen, später weniger als Bedrohung empfunden wird.

Während die meisten Kynologen sich über den rituellen Begrüßungsaspekt der Nasenberührung bei Hunden einig sind, legt eine kürzlich in der Zeitschrift Animal Behavior veröffentlichte Studie die Vermutung nahe, dass es auch noch einen weiteren, praktischeren Grund dafür gäbe. Marianne Heberlein und Dennis Turner vom zoologischen Institut an der Universität Zürich bauten eine Situation auf, in der ein Hund einen Raum entdecken konnte und ein weiterer Hund ihn dabei beobachtete. Nennen wir den zuschauenden Hund einmal den »Beobachter« und den Entdecker den »Handelnden«. Und so funktioniert das Experiment: Zuerst muss der Handelnde wissen, dass eine Futterbelohnung irgendwo im Raum versteckt ist. Er darf also zusehen, während ein paar Hundeleckerchen an einer von vier Stellen im Raum versteckt werden. Dann werden, wieder unter Beobachtung des Handelnden, Sichtschutzblenden vor jede Position gestellt. Dann wird der Beobachter in den Raum gebracht und schaut zu, während der Handelnde losgelassen wird. Wie Sie sich vorstellen können, läuft der Handelnde hinter denjenigen Sichtschutz, von dem er gesehen hat, dass dort ein Leckerchen versteckt wurde.

Bis dahin ist noch alles einfach. Der beobachtende Hund weiß nicht, warum der handelnde Hund hinter die Sichtschutzblende gelaufen ist, weil er die Leckerchen nicht sehen kann. Manchmal nehmen die Versuchsleiter allerdings auch heimlich die Leckerchen wieder weg, wenn sie die Sichtschutzblenden hinstellen. So findet der handelnde Hund manchmal die Leckerchen und kann sie fressen, während er bei anderen Malen beim Laufen hinter die Sichtschutzwände feststellt, dass gar keine Leckerchen da sind.

Dann werden die beiden Hunde zusammen gelassen. Wie auch zu erwarten wäre, berühren sie sich als Teil des Begrüßungsrituals häufig mit den Nasen. Überraschend ist dabei aber: Wenn die Hunde sich mit den Nasen berühren und der handelnde Hund kurz zuvor ein Leckerchen gefunden und gefressen hatte, ist es viel wahrscheinlicher, dass der Beobachter-Hund schnell losläuft, um den Bereich hinter der Sichtschutzwand zu untersuchen, wo er den handelnden Hund hat hinlaufen sehen. Hat der handelnde Hund dagegen keine Leckerchen gefunden und gefressen, ist es unwahrscheinlicher, dass der Beobachter zu der betreffenden Stelle läuft und sie untersucht.

Die Wissenschaftler kamen deshalb zu der Schlussfolgerung, dass Nasenberührungen unter Hunden nicht nur eine Art des »Hallo«-Sagens sind, sondern auch die Frage »Hast du hier in der Nähe irgendwelches Futter gefunden?« beantworten helfen. Die Antwort findet sich im Atem des anderen Hundes, und wo der Beobachter-Hund das Futter suchen soll, weiß er aus dem Zusehen, wohin der andere Hund kurz zuvor gegangen war.

Diese Ergebnisse bestätigen, was jeder vermutet, der Hunde kennt: Hunde sind von Natur aus gesellig und freundlich, und zwar um so mehr, wenn sie vermuten, dass Futter im Spiel sein könnte.

Wie gut verstehen Hunde die menschliche Körpersprache und Kommunikationssignale?

Die meisten Hundehalter haben schon einmal die Erfahrung gemacht, dass sie nur in Richtung der am Haken hängenden Leine schauen mussten, damit der Hund schon in Vorfreude auf den Spaziergang auf die Tür zustrebte. Was für Hundebesitzer alltäglich ist, hat für Wissenschaftler besondere Bedeutung, weil es etwas darüber aussagt, wie Hunde denken.

Zunächst zeigt es, dass Hunde die Fähigkeit zum Lesen unserer Körpersprache und Absichten besitzen. Zusätzlich macht es klar, dass Hunde verstehen, dass unsere Bewegungen und Gesten für sie wichtige Hinweise darauf enthalten könnten, was als Nächstes in ihrer Welt geschehen wird.

Jahrzehntelang haben Wissenschaftler die »soziale Kognition« bei Hunden untersucht. Der Begriff bezieht sich einfach nur darauf, wie gut Hunde Hinweise aus dem Verhalten anderer ziehen können. Wir als Menschen tun dies automatisch. Wir wissen zum Beispiel, dass wir besser schnell zum Punkt kommen sollten, wenn unser Gesprächspartner auf seine Uhr zu schauen beginnt. Alle sozialen Säugetiere haben bemerkenswert feine Methoden entwickelt, die Signale zu deuten, die ihnen von ihren Gruppenmitgliedern – normalerweise Artgenossen – gesendet werden. Neuere Forschungen haben aber außerdem ergeben, dass Hunde überraschend gut darin sind, bestimmte Arten sozialer Hinweise bei Menschen zu deuten.

Der Versuchsaufbau zum Testen dieser Art von Wahrnehmung bei Tieren ist ziemlich einfach. Beginnen Sie mit zwei umgedreht hingestellten Eimern oder Blumentöpfen. Legen Sie unter einen davon ein Leckerchen, ohne dass der Hund dabei zusehen kann. Natürlich müssen Sie vorher beide Behälter mit dem Futter abgerieben haben, sodass sie sich nicht im Geruch unterscheiden. Geben Sie dann dem Hund einen Hinweis darauf, in welchem Behälter sich das Futter befindet. Das Deutlichste wäre, oben auf den Eimer zu klopfen. Etwas weniger deutlich wäre es, auf den richtigen Eimer zu zeigen. Und noch dezenter wäre der Hinweis, wenn Sie nur Ihren Kopf oder Körper hindrehen würden, ohne tatsächlich darauf zu zeigen. Und das feinste aller Signale wäre, Kopf oder Körper überhaupt nicht zu bewegen, sondern nur auf den richtigen Eimer zu schauen. Wählt der Hund den richtigen Eimer, bekommt er das Futter. All das mag sehr einfach klingen, aber für die meisten Tiere ist es das ganz und gar nicht.

Daniel J. Povinelli, ein Psychologe an der Universität von Southwestern Louisiana, fand heraus, dass unsere nächsten Verwandten im Tierreich, die Schimpansen, überraschenderweise anfänglich ziemlich schlecht bei dieser Aufgabe abschnitten (übrigens genau wie drei Jahre alte Kinder, auch wenn diese immer noch etwas besser waren als die Affen). Sowohl Schimpansen als auch Kinder können aber schnell lernen, die Signale richtig zu deuten. Eine echte Überraschung erwartete die Wissenschaftler im Team von Robert Hare an der Universität von Harvard jedoch, als sie den gleichen Test mit Hunden durchführten. Die Hunde konnten die Signale darauf, wo sich das Futter befand, sofort vier Mal besser als die Affen und zwei Mal besser als Kleinkinder deuten, sogar wenn der Versuchsleiter eine fremde Person war.

Die eigentliche Frage ist also, woher Hunde dieses Talent haben. Die erste Vermutung könnte sein, dass Hunde ja von im Rudel jagenden Wölfen abstammen und die Fähigkeit zur Wahrnehmung sozialer Signale sich entwickelt hat, um die Jagd besser koordinieren zu können. Wenn das so wäre, müsste man erwarten, dass Wölfe bei der Eimeraufgabe mindestens genauso gut abschneiden wie Hunde. Versuche haben aber gezeigt, dass sie im Lesen dieser Signale schlechter als Schimpansen und viel schlechter als Hunde sind.

Die nächste Vermutung könnte sein, dass Hunde das Lesen menschlicher Körpersprache deshalb gelernt haben, weil sie in unseren Familien leben und uns beobachten. Nach dieser Theorie müssten junge Welpen, besonders solche, die noch mit ihren Wurfgeschwistern leben und noch nicht an neue Besitzer abgegeben wurden, in der Wahrnehmung menschlicher Signale schlechter sein. Dem ist aber nicht so: Selbst neun Wochen alte Welpen, die noch bei ihrer Mutter und ihren Wurfgeschwistern sind, schneiden besser ab als die Wölfe und Schimpansen. Das bedeutet, dass diese Fähigkeit nicht vom letzten gemeinsamen Hund-Wolf-Vorfahren geerbt wurde und kein großartiger Kontakt mit Menschen notwendig ist, um sie zu entwickeln.

Woher also haben Hunde ihre überragende Fähigkeit zum Lesen menschlicher Signale? Das Interesse der Wissenschaftler geht nun eher in Richtung evolutionärer Veränderungen, die während der Domestikation des Hundes stattgefunden haben. Offensichtlich ist es so, dass Hunde, die die Wünsche und Absichten ihrer Besitzer erraten konnten, bessere Chancen hatten, in einer vom Menschen dominierten Umwelt zu überleben und sich fortzupflanzen. Aber wurden anfänglich ganz bestimmte Hunde deshalb zur Domestikation ausgesucht, weil sie die Menschen besser verstehen konnten? Oder war diese verbesserte Fähigkeit eine Art unbeabsichtigter Nebeneffekt, der im Verlauf der Domestikation auftrat? Das wissenschaftliche Urteil steht leider noch aus. Wir haben einfach noch nicht genügend Daten, um sagen zu können, ob Menschen bewusst Hunde ausgesucht haben, die ihre sozialen Signale besser verstehen konnten oder ob diese Fähigkeit ein »Mitfahrer« ist, der sich in der evolutionären

Entwicklung der Domestikation angehängt hat. Wie auch immer: Sie ist ein Beweis mehr dafür, dass unser Haushund definitiv nicht nur ein in der Stadt lebender Wolf ist, der gelernt hat, sich für freie Kost und Logis ein gewisses Maß an Zivilisation überzustreifen. Vielmehr unterstützt sie die Auffassung, dass der Hund eine eigene Spezies ist, die sich mit oder besser gesagt in einer Ko-Evolution neben dem Menschen entwickelt hat und die dessen Gefühle und Absichten sehr wahrscheinlich besser versteht als jeder andere Tierart.

Wie lernen Hunde?

Wie schlau sind Hunde im Vergleich zu anderen Tieren?

Wie intelligent sind Hunde eigentlich, wenn wir ihre mentalen Fähigkeiten mit denen anderer Tiere oder anderer Säuger vergleichen? Ein Vergleich der Intelligenz von Tieren unterschiedlicher Spezies ist schwierig, auch wenn bestimmte Testverfahren sich als hilfreich erwiesen haben. Die Tests für beispielsweise einen im Wasser lebenden Delfin und ein auf dem Land lebendes Pferd gleichermaßen aussagekräftig zu machen, ist aber kompliziert bis praktisch unmöglich. »Intelligenz beruht darauf, wie effizient eine Spezies im Erledigen der Dinge geworden ist, die sie zum Überleben braucht«, meinte Charles Darwin. Gemäß dieser Definition, so könnte man argumentieren, wären dann aber alle Spezies, die gesund und zahlreich bleiben und nicht aussterben, gleichermaßen intelligent.

Derlei Probleme haben Psychologen und Biologen dazu veranlasst, nach einer Technik zur Überprüfung von Intelligenz zu suchen, die keine besonderen Tests oder die Kooperation der betreffenden Tiere erfordert. Alles geht von dem Argument aus, dass ein größeres Gehirn besser sein müsse als ein kleines, weil es aufgrund seiner zahlreicheren Neuronen und Neuronenverbindungen mehr Erinnerungen speichern und Informationen schneller verarbeiten kann. Ein Mensch mit einem Gehirnvolumen von 1500 Kubikzentimetern hat zum Beispiel im Durchschnitt sechshundert Millionen mehr Gehirnneuronen als eine Person mit einem Gehirnvolumen von 1400 Kubikzentimetern. Die erste Überlegung könnte also sein, dass Tiere mit größeren Gehirnen auch schlauer sein müssten.

Zunächst einmal sehen wir, dass Menschen größere Gehirne haben (im Schnitt etwa 1400 Gramm) als Hunde (im Schnitt etwa 72 Gramm bei einem zehn Kilo schweren Beagle). Der Rhesusaffe liegt mit etwa 97 Gramm dazwischen, und all das passt ja auch zu dem allgemeinen Eindruck, den wir von der relativen Intelligenz dieser Spezies haben. Wenn wir uns aber nur das Gewicht des Gehirns allein anschauen, müssten wir daraus schlussfolgern, dass der Elefant mit seinem sechs Kilo schweren Gehirn schlauer sein müsste als ein Mensch und dass die Supergenies dieser Erde die Wale sein müssten: Der Pottwal zum Beispiel hat im Durchschnitt ein 7,8 Kilogramm schweres Gehirn. Das Problem ist, dass größere Tiere auch größere Gehirne haben. Das müssen sie auch, um die Bewegungen ihrer größeren Muskelmassen kontrollieren zu können. Außerdem benötigen sie das größere Gehirn zur Verarbeitung von Sinnesempfindungen: So erfordert zum Beispiel jeder zusätzliche Quadratzentimeter Hautoberfläche auch mehr Gehirnneuronen, um die Empfindungen von Berührung, Hitze, Kälte oder Schmerzen von diesem Körperbereich verarbeiten zu können.

In den späten 1970er Jahren entwickelte der Psychologe Harry J. Jerison ein alternatives Maß, dass er den »Enzephalisations-Quotient« oder EQ nannte. Der EQ ist ein mathematisch raffinierter Vergleich des tatsächlichen Gehirngewichts eines Lebewesens im Vergleich zu der für seine Körpergröße zu erwartenden Gehirnmasse. Damit wird die Tatsache kompensiert, dass größere Tiere größere Gehirne haben und die Fragestellung dahingehend abgeändert, ob ein Lebewesen ein größeres oder kleineres Gehirn hat, als man aufgrund seiner Körpermasse annehmen müsste.

Spezies	*EQ*
Mensch	7,44
Delfin	5,31
Schimpanse	2,49
Rhesusaffe	2,09
Elefant	1,87
Hund	**1,76**
Katze	1,00
Pferd	0,86
Schaf	0,81
Maus	0,50
Ratte	0,40
Kaninchen	0,40

Gemäß Enzephalisationsquotient sind die schlauesten Lebewesen auf der Erde die Menschen, gefolgt von Schweinswalen, Menschenaffen und Elefanten. Der Hund liegt im EQ dicht hinter dem Elefanten. Weiter unten in der Liste finden wir Katzen, Pferde, Schafe, Mäuse, Ratten und Kaninchen. Im Allgemeinen sind Tiere, die für ihren Lebensunterhalt jagen müssen (so wie Kaniden) schlauer als reine Vegetarier (man braucht nicht viel Intelligenz, um ein Salatblatt zu überlisten). In sozialen Gruppen lebende Tierarten sind außerdem schlauer als Einzelgänger, weil sie Überlegungen wie »Wenn ich dies tue, tut er jenes, also tue ich lieber etwas anderes« anstellen müssen. Das bedeutet, dass der gesellige Schimpanse schlauer ist als der einzelgängerische Orang Utan. Die Tatsache, dass Hunde viel geselliger sind als Katzen, erklärt vielleicht, warum Hunde letzten Endes auch intelligenter sind als Katzen.

Sind manche Hunderassen schlauer als andere?

Genau wie jeder schlaue Kinder haben möchte, möchten die meisten Leute auch schlaue Hunde besitzen. Ob ein Hund »schlau« oder »dumm« ist, hängt aber davon ab, welche Aspekte seines Verhaltens wir betrachten. War Nobelpreisträger Albert Einstein beispielsweise intelligent? Natürlich brauchte es mathematisches Genie, um die Relativitätstheorie ableiten zu können. In einfacher Arithmetik war Einstein allerdings so schlecht, dass sein Scheckheft andauernd im Minus war.

Intelligenz hat sehr unterschiedliche Dimensionen. Beim Menschen könnten wir sie in verbale und rechnerische Fähigkeiten, logisches Denken, Gedächtnis und so weiter unterteilen. Die Intelligenz von Hunden hat ebenfalls mehrere verschiedene Aspekte, unter denen wir drei Hauptdimensionen ausmachen können: instinktive Intelligenz, adaptive Intelligenz und Arbeits- und Gehorsamsintelligenz.

»Instinktive Intelligenz« ist das, wozu ein Hund gezüchtet ist. Hütehunde zum Beispiel wurden dazu gezüchtet, Tierherden zu hüten. Die Fähigkeit, Tiere zusammenzutreiben, dicht beieinander zu halten und sie in eine bestimmte Richtung zu treiben ist ihnen angeboren und erfordert menschliches Eingreifen nur dazu, um sie unter Kontrolle zu halten und ein wenig in die richtigen Bahnen zu lenken. Wachhunde bewachen Dinge, Retriever apportieren, Hounds verfolgen Fährten, Vorstehhunde spüren Federwild auf und zeigen es durch Vorstehen an und Begleithunde schließlich sind besonders gut auf unsere menschlichen Signale eingestellt. Außerdem reagieren sie auch auf unsere Stimmungen und spenden uns so Trost. Jeder Hund hat eine instinktive Intelligenz, aber Vergleiche zwischen den verschiedenen Rassen dazu anzustellen, welche »intelligenter« ist, ist sinnlos, weil ihre Fähigkeiten einfach zu unterschiedlich sind, um miteinander verglichen werden zu können.

»Adaptive Intelligenz« ist ein Maß dafür, was ein Hund von sich aus lernen kann. Dazu gehören Lernen aus Umwelterfahrungen, das Lösen neuer Probleme und so weiter. Unter den Individuen ein und derselben Rasse kann die adaptive Intelligenz sehr unterschiedlich sein. So haben beispielsweise zwar alle Golden Retriever die gleiche instinktive Intelligenz und die meisten sind ziemlich schlau, aber gelegentlich trifft man welche an, die keinen blassen Schimmer zu haben scheinen und die gleichen Fehler immer wieder machen. Der Unterschied zwischen ihnen ist eine Frage der unterschiedlichen adaptiven Intelligenz, und dies wiederum kann man mit geeigneten Testverfahren messen.

Beim Stichwort »Hundeintelligenz« denken die meisten Menschen an Hunde, die komplexe Gehorsamsübungen im Obediencering oder auf einer Bühne zeigen. Vielleicht fallen ihnen auch hochtrainierte Tiere wie Polizeihunde, Blindenführhunde, Gehörlosenhunde oder Rettungshunde ein. Ein richtig auf die Kommandos und Zeichen seines Herrn reagierender Hund gibt uns das Gefühl, dass wir den Gipfel hündischer Intelligenz vor Augen haben. Wenn Hunde uns durch ihre Reaktionen zeigen, dass sie bestimmte Kommandos von Seiten eines Menschen verstehen, demonstrieren sie uns damit einen der wichtigsten Aspekte ihrer Intelligenz. Dieser Aspekt ist deshalb wichtig, weil Hunde, die nicht auf menschliche Instruktionen hören würden, nicht zur Erfüllung der nützlichen Aufgaben in der Lage wären, für die wir sie ursprünglich wertgeschätzt haben. Sie wären niemals domestiziert worden und folglich heute nicht bei uns. Diese dritte Art der Intelligenz bei Hunden nennt man treffenderweise »Arbeits- und Gehorsamsintelligenz«. Sie kommt dem am nächsten, was wir Fähigkeit zum schulischen Lernen nennen würden und basiert darauf, was ein Hund lernen kann, wenn er von Menschen unterrichtet wird.

Hunderassen nach ihrer Arbeits- und Gehorsamsintelligenz zu bewerten sollte möglich sein. Die Auswertung von Wettbewerbsergebnissen zum Beispiel aus Obedienceprüfungen funktioniert dabei jedoch leider nicht, weil sie mit der Beliebtheit der Hunderassen vermischt werden. So hat zum Beispiel nach den Statistiken des AKC (American Kennel Club) in einem der letzten Jahre kein einziger Otterhound einen Obediencewettbewerb gewonnen, während Golden Retriever 1284 Siege zu verzeichnen hatten. Dieses Ergebnis sagt uns aber nicht etwa, dass Otterhounds dumm wären: In dem betreffenden Jahr waren beim AKC etwa 670.000 Golden Retriever registriert, aber nur 300 Otterhounds. Selbst wenn Otterhounds die schlauesten Hunde überhaupt wären und selbst wenn jeder registrierte Otterhound in diesem Jahr einmal gewonnen hätte, wären das immer noch lediglich 300 Siege im Vergleich zu 1284 Siegen bei den Golden Retrievern.

Die Aufzeichnungen der Hundeverbände helfen uns also nicht bei der Bewertung der Intelligenz von Hunden. Sie bieten uns allerdings noch eine andere Quelle – nämlich die Obediencerichter selbst. Diese Personen sind dazu ausgebildet, zu beobachten und zu bewerten, welche Leistung Hunde unter kontrollierten Bedingungen erbringen. Für einen Richter ist es nichts Ungewöhnliches, an einem Wochenende zwölf bis zwanzig Stunden mit dem Richten und Bewerten von Hunden unterschiedlicher Rassen zu verbringen. Außerdem sind die meisten Richter auch Hundetrainer und verbringen somit noch viel mehr Stunden mit dem Beobachten von Hunden und der Arbeit mit ihnen. Wenn also irgendeine Gruppe von Menschen geballtes Wissen dazu gesammelt hat, welche Leistungen die Hunde einzelner Rassen zeigen, dann sind es aufgrund ihrer enormen Erfahrung im Beobachten und Beurteilen die Obediencerichter. Sie sehen jeden Hund unter den gleichen Bedingungen arbeiten und müssen in der Lage sein, die Qualität der gezeigten Leistung mit der der anderen Wettkampfteilnehmer zu vergleichen.

Für mein Buch Die Intelligenz der Hunde kontaktierte ich damals alle im AKC und Canadian Kennel Club registrierten Obediencerichter und schickte ihnen einen langen Fragebogen, der es ihnen ermöglichte, die verschiedenen Hunderassen nach ihren Arbeits- und Gehorsamsfähigkeiten zu bewerten. Trotz der Länge des Fragebogens schickten 199 Richter (etwa die Hälfte aller in Nordamerika gelisteten Obediencerichter) vollständige Informationen zurück.

Der Grad der Übereinstimmung unter den Richtern war erstaunlich hoch, ein Hinweis darauf, dass tatsächlich beobachtbare Unterschiede zuverlässig bemerkt wurden. Wenn wir zum Beispiel die hinsichtlich Arbeits- und Gehorsamsintelligenz am besten bewerteten Hunde anschauen, stellen wir fest, dass 190 von 199 Richtern den Border Collie unter die Top Ten platziert haben. Etwas weniger einstimmig wurde bewertet, welche Rassen die schlechteste Arbeits- und Gehorsamsintelligenz zeigten, aber auch hier war die Übereinstimmung innerhalb meiner Expertengruppe immer noch relativ hoch. Von 199 Richtern platzierten 121 den Afghanen unter die letzten zehn.

Nach Einstufung der Richter haben folgende zehn Hunderassen hinsichtlich Arbeits- und Gehorsamsintelligenz am besten abgeschnitten *(Wertung in absteigender Reihenfolge):*

Border Collie
Pudel
Deutscher Schäferhund
Golden Retriever
Dobermann
Shetland Sheepdog
Labrador Retriever
Papillon
Rottweiler
Australian Cattle Dog

Die schlechtesten zehn Rassen waren (sortiert von gut nach schlecht):

Basset Hound
Mastiff
Beagle
Pekingese
Bloodhound
Barzoi
Chow Chow
Bulldog
Basenji
Afghane

Heißt das nun, dass jedermann losziehen und sich einen Hund aus der Top Ten-Liste kaufen sollte? Sicher nicht! Ein schlauer Hund lernt zwar alles, was Sie möchten, aber leider auch alles, wie er zu seinen Gunsten handeln kann. Letzten Endes müssen Sie dann vielleicht viel Zeit damit verbringen, Ihren cleveren Hund zu »zivilisieren« und ihm die Grenzen des in Ihrem Haushalt akzeptablen Verhaltens aufzuzeigen.

Und bedeutet die Liste, dass man vielleicht die am schlechtesten bewerteten Rasse nicht mehr weiterzüchten sollte, um die »Art zu verbessern«? Auch ganz sicher nicht! Jede Rasse hat ja eine instinktive Intelligenz, für die sie gezüchtet wurde. Der ganz unten in der Arbeits- und Gehorsamsliste rangierende Afghane wurde gezüchtet, um Antilopen und Gazellen zu erspähen, zu verfolgen und niederzureißen. Wenn Sie je einen dieser Hunde rennen gesehen haben, wissen Sie, wie hoch ausgeprägt diese Fähigkeit ist. Außerdem sind in unserer städtisch geprägten Gesellschaft heute die meisten Hunde reine Begleithunde. Haben Sie die Menschen, die Ihnen als mögliche Kandidaten für einen Ehepartner, Liebhaber oder Freund in Frage kamen, vorher einem Intelligenztest unterzogen?

Letztlich haben die in der Intelligenzliste weiter unten stehenden Hunde auch eine Reihe anderer lobenswerter Eigenschaften. Der Afghane gehört zweifellos zu den schönsten aller Hunde. Die Zeitschrift People bringt jedes Jahr eine Sonderausgabe mit dem Titel »Die 50 schönsten Menschen der Welt« heraus. Ich kann mich nicht daran erinnern, dass es auch einmal eine Ausgabe »Die 50 intelligentesten Menschen der Welt« gab. Überlegen Sie nur einmal, was wir für die wichtigsten Eigenschaften bei Menschen halten: Das Gleiche gilt auch für Hunde!

Was funktioniert besser: Belohnungs- oder disziplinbasiertes Training?

Wenn Sie das Verhalten Ihres Hundes (oder eines anderen Menschen) verändern möchten, müssen Sie eine grundlegende Entscheidung treffen – nämlich, ob Sie Ihre Trainingsmethode auf Belohnungen, auf Strafe oder auf einer Kombination von beidem aufbauen möchten. Sogenannte disziplinbasierte Trainingsprogramme nutzen Strafe als Hauptwerkzeug. Privilegien werden entzogen, Schmerzen zugefügt oder es droht irgendeine andere negative Folge, wenn das Individuum sich nicht auf gewünschte Weise verhält. So funktionieren auch Regierungen von Staaten: Man bestraft Sie oder steckt Sie ins Gefängnis, wenn Sie sich nicht wunschgemäß benehmen. Für Hunde kann die Strafe die Form eines Leinenrucks, eines Stromschlags von einem Elektrohalsband, von Schlägen oder Beschimpfungen annehmen. Die Alternative ist belohnungsbasiertes Training, bei dem jedes gewünschte Verhalten zu einer angenehmen Folge wie Futter oder Lob führt und schlechtes Verhalten einfach keine Belohnung nach sich zieht.

Da wir natürlich die wirksamste Trainingsmethode nutzen möchten, ist die Frage, was besser funktioniert und die besten Ergebnisse bringt: Das belohnungsbasierte oder sogenannte positive Training oder das auf Disziplin und Strafe beruhende Training? Auf diese Frage gibt es verschiedene Antworten, von denen wir uns hier nur die wichtigsten anschauen werden.

Wenn wir über das Lernen sprechen, sprechen wir eigentlich über eine Form der relativ dauerhaften Verhaltensveränderung, die durch die Umwelterfahrungen eines Individuums bewirkt wird. Vor über zweihundert Jahren beschrieb der Philosoph John Locke Lernen als die Bildung von Assoziationen, sprich einer mentalen Verknüpfung von Ereignissen, die in einer bestimmten Reihenfolge stattfinden. Die meisten Menschen verstehen das als Lernbeziehung zwischen einer Handlung und einem Ergebnis, wie zum Beispiel das Lernen, dass bei Betätigen eines Wandschalters das Licht angeht oder man einen schmerzhaften Stromschlag bekommt, wenn man seinen Finger in eine Steckdose steckt.

Es gibt aber auch noch eine Form des Lernens, die der Durchschnittsmensch entweder nicht kennt oder selten über sie nachdenkt, nämlich die »klassische Konditionierung«. Sie ist eine sehr wichtige und grundlegende Art des Lernens, bei der Verknüpfungen zwischen in der realen Welt stattfindenden Ereignissen und Reflexen oder Emotionen bei einem Individuum gebildet werden. Das Wort »Konditionierung« ist lediglich Psychologenjargon für Lernen, und »klassisch« sagt man deshalb, weil es sich um die erste Form von Lernen handelte, die man wissenschaftlich untersucht hat.

Erstmals wurde die klassische Konditionierung systematisch von dem russischen Arzt Ivan Petrovitch Pavlov untersucht. Pavlovs Forschungen zu diesem Thema begannen mit einer zufälligen Beobachtung: Er untersuchte die Zusammensetzung von Speichel bei Hunden und wusste, dass ein Tier immer dann speichelt, wenn er ihm Futter ins Maul legte. Ihm fiel auf, dass der Hund, mit dem er zu verschiedenen Gelegenheiten zusammenarbeitete, auch immer dann zu speicheln begann, wenn er Dinge sah, die mit Futter in Verbindung standen wie zum Beispiel den Napf oder auch nur die Person, die normalerweise das Futter brachte. Pavlov erkannte, dass dies eine einzigartige Form des Lernens war, weil sie eine Reaktion enthielt, die der Hund nicht bewusst kontrollieren konnte. Wenn ich Ihnen zum Beispiel befehlen würde »Jetzt machen Sie sich mal den Mund wässrig«, würden Sie es praktisch unmöglich finden, mit reiner Willenskraft einen konstanten Speichelfluss in Gang zu setzen. Pavlov erkannte, dass mit den Reaktionen der Hunde, die er beobachtete, etwas Besonderes vorging: Eine unwillkürliche Handlung (Speicheln), die normalerweise nur von ganz bestimmten Ereignissen ausgelöst werden kann (Futter) wurde nun von einem neuen Reiz gesteuert (Anblick des Versuchsleiters).

Pavlov untersuchte diesen Vorgang mit Hilfe einer simplen Methode weiter: Während des Trainings präsentierte er einen neutralen Reiz (der normalerweise keinen Hund zum Speicheln bringt) wie zum Beispiel einen Glockenton, unmittelbar bevor er dem Hund etwas Fleischmehl ins Maul gab, um das Speicheln auszulösen. Nachdem die Klingel-Maulstopf-Sabber-Sequenz einige Male wiederholt worden war, machte er einen Test, bei dem er nur die Glocke läutete. Mit großer Zuverlässigkeit brachte die Glocke, die ursprünglich keine Wirkung auf den Hund gehabt hatte, ihn nun zum Speicheln. Dabei war es egal, wie der neutrale Reiz beschaffen war; es konnte ein Klick, ein Licht, eine Zeichnung, eine Berührung oder irgendetwas anderes sein. Das Wichtige war, dass der Hund nun auf den ehemals neutralen Reiz so reagierte, als wäre er das Fleischmehl – mit Speicheln. Der Hund musste weder wollen, was geschah noch aktiv am Lernprozess teilnehmen, denn dieser lief ganz von alleine ab.

Warum wir uns beim Training unserer Hunde Gedanken über das Sabbern auf Signal machen sollten, wo viele von uns doch schon so genug mit der natürlich vorkommenden Menge an Hundespeichel zu tun haben? Der Kern der Sache ist, dass es nicht ums Speicheln geht. Die eigentliche Bedeutung der klassischen Konditionierung ist, dass wir auf diesem Weg lernen, bestimmten Dingen bestimmte Gefühlsreaktionen beizumessen. Wir benötigen dazu nur eine Sequenz, in der wir auf einen Reiz ein Ereignis folgt, das wiederum eine Emotion auslöst. Schon nach wenigen Wiederholungen der Sequenz Reiz-Ereignis-Emotion wird der Reiz aufgrund der klassischen Konditionierung die Emotion alleine auslösen.

Das berühmteste Beispiel dafür, wie klassische Konditionierung erlernte Gefühlsreaktionen produzieren kann, stammt von John Watson. Er führte einen Versuch durch, der aus ethischen Gründen heute in keinem Forschungsinstitut mehr zugelassen würde. Watson konfrontierte ein elf Monate altes Baby namens Albert mit einer weißen Ratte. Albert zeigte ihr gegenüber nicht die geringste Angst. Als Nächstes zeigte Watson ihm wieder die Ratte, ließ aber diesmal jemand gleichzeitig zwei Eisenstangen so zusammenschlagen, dass es einen lauten Krach gab. Das Geräusch erschreckte Albert, machte ihm Angst und brachte ihn zum Weinen. Nach ein paar Wiederholungen dieser Sequenz Ratte – Krach – Weinen reichte alleine der Anblick der weißen Ratte aus, dass Albert weinte und wegzukrabbeln versuchte. Er verhielt sich nicht nur der Ratte gegenüber ängstlich, sondern schien nun auch vor allen Sachen mit Fell einschließlich weißen Kaninchen, Plüschtieren, Pelzmänteln und sogar einem Nikolausbart Angst zu haben. Watson schlussfolgerte, dass er das Gefühl der Angst klassisch konditioniert und mit den weißen haarigen Objekten in Alberts Gehirn verknüpft hatte. Albert wollte weder diese Angstreaktion lernen noch aktiv am Lernprozess teilnehmen – es geschah automatisch, weil die Reize mit etwas verknüpft wurden, das seine Gefühlsreaktion auslöste.

Die klassische Konditionierung von Gefühlen bietet ein Beispiel dafür, warum belohnungsbasierte Trainingsmethoden besser funktionieren und eine stärkere Bindung zwischen Hund und Trainer schaffen sollten als strafbasierte Methoden. Jedes Mal, wenn Sie dem Hund ein Leckerchen oder eine andere Belohnung geben, setzen Sie die folgende Sequenz in Gang: Anblick von Ihnen – Leckerchen – angenehmes Gefühl. Selbst wenn Sie ein schlechtes Timing haben und kein sehr guter und geschickter Trainer sind, können Sie mit Versuchen im belohnungsbasierten Training keinen Schaden anrichten. Jede Belohnung macht es wahrscheinlicher, dass der Hund schönere Gefühle mit Ihnen verbindet, denn Sie konditionieren eine angenehme Empfindung mit Ihrem Anblick.

Die andere Seite der Medaille ist der Einsatz von Strafe oder harter Korrektur. Wenn auf den Anblick von Ihnen oder Ihrer Hand unmittelbar Schmerzen oder Unwohlsein folgen, wird dies letzten Endes zu negativen Empfindungen und Meideverhalten beim Hund führen.

Sie können sich selbst von diesem Effekt überzeugen, wenn Sie unterschiedliche Hundeschulen besuchen. Dort, wo mit Disziplin und Strafe gearbeitet wird, bewirken der Anblick des Trainers und seiner Ausrüstung häufig, dass der Hund sich in der hintersten Ecke seines Zwingers verkriecht und sich so verhält, als ob der die ganze Situation vermeiden wolle. Die Anwesenheit des Trainers wird offensichtlich als unangenehm empfunden. Eine solche Beziehung hat sicherlich negative Auswirkungen auf das Training des Hundes. Nähert sich dagegen ein Trainer, der mit Belohnungen arbeitet, kommen die Hunde ihm höchstwahrscheinlich wedelnd entgegen gelaufen. Offensichtlich haben sie eine positive Gefühlsbindung zu diesem Trainer aufgebaut und freuen sich darauf, im Training eifrig weiterzumachen.

Was ist Clickertraining?

In den letzten Jahren wurde einer Methode namens »Clickertraining« große Aufmerksamkeit entgegengebracht. Viele Menschen betrachten sie als effizienteren Weg zum Training von Hunden. Bevor ich das Clickertraining beschreibe, sollten Sie aber wissen, dass das hinter dem Hundetraining stehende Grundprinzip zwar einfach ist, dessen erfolgreiche Anwendung in der Praxis aber vielleicht nicht unbedingt. Denken Sie zum Vergleich nur einmal ans Klavierspielen. Das Grundprinzip ist sehr einfach: Sie müssen nur diejenigen Tasten herunterdrücken, die den Noten entsprechen, die Sie hören möchten. Trotzdem ist jahrelanges Üben nötig, bevor Sie es richtig können.

Wenn Sie Ihrem Hund irgendetwas Neues beibringen, lautet das zugrundeliegende Prinzip immer: Jedes Verhalten, das belohnt wird, wird verstärkt und die Wahrscheinlichkeit, dass es wieder auftritt, wird höher. Jedes Verhalten, das nicht belohnt wird, wird schwächer und die Wahrscheinlichkeit, dass es wieder auftritt, wird schwächer. Das ist alles!

Um einen Hund zu trainieren, müssen Sie nicht die zugrundliegenden neurologischen oder chemischen Prozesse verstehen oder wissen, welche Gehirnbereiche und Nervenbahnen beteiligt sind. Der verzwicktere Teil besteht oft eher darin, das Tier überhaupt zur Ausführung des Verhaltens zu bringen, das wir belohnen können. Es ist also wichtig, die Belohnung zum richtigen Zeitpunkt zum Hund zu bringen, damit die richtigen Verhalten verstärkt werden. Dieser Prozess kann durchaus erhebliche Zeit und Mühe kosten.

Nehmen wir an, ich versuche, meinem Hund das Kommen auf Kommando beizubringen. Dazu muss ich ihn belohnen, sobald er sich auf mich zubewegt, nachdem ich das Kommando »Hier« gegeben habe. Wenn ich aber loslaufe, um dem Hund ein Belohnungsleckerchen zu geben, hält er in seiner Bewegung auf mich zu inne, um zu fressen. Das bedeutet also, dass die Belohnung das Verhalten, das ich gerne von meinem Hund sehen wollte, gestört oder beendet hat. Was ich eigentlich erreichen wollte, war eine Folge von Ereignissen, bei denen der Hund während seines Kommens belohnt werden sollte, um so sein Annäherungsverhalten zu verstärken. Faktisch habe ich ihn aber dafür belohnt, dass er aufgehört hat, in meine Richtung zu kommen. Das Hauptprinzip des Hundetrainings ist ja, dass dasjenige Verhalten verstärkt wird, das unmittelbar vor der Belohnung stattgefunden hat. Wenn ich also so vorgehe wie oben, bringe ich dem Hund bei, ein paar Schritte auf mich zuzukommen und dann stehenzubleiben. Wir brauchen also eine Belohnung, die das Verhalten nicht beendet – eine, die präzise dann gegeben werden kann, während das von uns gewünschte Verhalten noch abläuft und die wir auch aus der Entfernung geben können.

Das Clickertraining beruht darauf, eine spezielle Belohnung dieser Art zu liefern. Es nutzt die klassische Konditionierung von Gefühlen, über die wir im vorigen Abschnitt gesprochen haben. Die Idee dabei ist, ein Signal zu wählen, das dem Hund ein gutes Gefühl verschafft, aber sein aktuelles Verhalten nicht behindert.

Um diese neue Belohnung zu etablieren, müssen Sie zuerst entscheiden, welche Art von Signal Sie benutzen möchten. In den letzten Jahren wurde das von einem Knackfrosch oder »Clicker« produzierte Clickgeräusch beliebt, aber das Signal kann auch alles Mögliche sein: eine Pfeife, ein Licht, ein Wort oder eine besondere Handlung. Ich benutze am liebsten meine Stimme, weil ich dann beide Hände für anderes freihabe und sage in sehr begeistertem Tonfall »ja!«. Ich kenne aber auch einen Hundetrainer, der das Wort »Click« als Signal sagt.

Wenn Sie sich für ein Signal entschieden haben, müssen Sie es mit dem positiven Gefühlswert per klassischer Konditionierung »aufladen«. Am einfachsten geht das mit Futterbelohnungen. Nehmen wir an, Sie haben das Geräusch eines mechanischen Clickers als Signal gewählt. Um es in eine Belohnung zu verwandeln, müssen wir nur clicken und eine Belohnung füttern, und dies mehrmals hintereinander. Wenn wir Click-Belohnung, Click-Belohnung, Click-Belohnung oft genug wiederholt haben, wird das Clickgeräusch viele der positiven Eigenschaften der eigentlichen Futterbelohnung übernehmen. Wir haben nun eine erlernte oder »sekundäre« Belohnung geschaffen. Vielleicht verstehen Sie diese Methode besser, wenn Sie sich vergegenwärtigen, dass die meisten Belohnungen, mit denen man das Verhalten von Menschen kontrollieren möchte, sekundäre Belohnungen sind. Grundlegende oder primäre Belohnungen(oder »Verstärker«) sind biologischer Art wie zum Beispiel Essen, Trinken oder Sex. Sekundäre oder konditionierte Belohnungen sind Geld, Schulabschlüsse, Titel, Lob, Medaillen, Auszeichnungen und so weiter. Die belohnenden Eigenschaften all dieser Dinge mussten durch Verknüpfung mit primären Belohnungen erst erlernt werden, auch wenn die Kette tief in die Vergangenheit zurückreichen mag. Die belohnende Funktion von verbalem Lob kann ihre Ursprünge zum Beispiel in der Zeit haben, als Ihre Mutter Sie fütterte und jeden Löffel, den sie Ihnen in den Mund schob, mit »So ein guter Junge« oder »Was für ein liebes Mädchen« begleitete. Das Schöne daran, ein positiv besetztes Signal wie zum Beispiel einen Click zu benutzen ist, dass es als Belohnung eingesetzt werden kann, ohne das Verhalten des Hundes zu stören. Die Futterbelohnung kann dann kurze Zeit später zu einem passenden Zeitpunkt nachgereicht werden.

Clickertraining ist, das sollte klar sein, keine Lehrmethode, sondern eine Technik zur Schaffung einer speziellen Belohnung. Diese kann uns dann helfen, wenn wir einen Hund mit den vier Basismethoden des Hundetrainings erziehen: *Verhalten einfangen, Verhalten hervorlocken, körperliche Einwirkung und Freies Formen.* Als Nächstes werden wir uns jede dieser Methoden etwas näher anschauen.

Was ist »Einfangen« von Verhalten?

Die einfachste Form von Hundetraining ist vermutlich das »Einfangen« von Verhalten. Manchmal nennt man es auch »Autotraining«, weil sich der Hund automatisch selbst zu trainieren scheint. In der Theorie ist diese Technik sehr einfach. Sie müssen nur warten, bis der Hund spontan das Verhalten zeigt, das Sie trainieren möchten, es benennen und belohnen.

Nehmen wir zum Beispiel an, Sie haben einen Welpen namens Rover, den Sie trainieren möchten. Alles, was Sie tun müssen, ist, Rovers Tun aufmerksam zu beobachten, wenn Sie mit ihm umgehen. Wenn er auf Sie zugelaufen kommt, benennen Sie dieses Verhalten, indem Sie »Rover, hier!« sagen und dann schnell eine Belohnung folgen lassen, sagen wir ein Leckerchen oder Streicheln. Entsprechend sagen Sie »Rover, sitz!«, wenn er sich hinsetzt und geben eine Belohnung. Damit diese Trainingstechnik funktioniert, muss der Hund am Ende jeder Handlung belohnt werden – genau so, als hätte er das Verhalten auf Ihr Kommando hin gezeigt. Jede Belohnung verstärkt die Assoziation zwischen den Kommandoworten, die Sie zur Benennung benutzen, und der Handlung des Hundes.

Nach einigen Wiederholungen wird das Kommando im Kopf des Hundes mit dem Verhalten und der Belohnung verknüpft. Sobald dies geschieht, wird der Hund Ihnen das Verhalten anbieten, nachdem Sie die Worte gesagt haben.

Beim Einfangen von Verhalten gibt es aber mehrere mögliche Probleme. Ein offensichtliches ist, dass es eine ganze Weile dauern kann, bis der Hund von sich aus das Verhalten zeigt, das Sie trainieren möchten. Einfachere Verhalten wie Hinsetzen, Hinlegen, zu Ihnen kommen und so weiter kommen aber häufig genug vor, um leicht »eingefangen« und auf diese Weise trainiert zu werden. Sobald der Hund versteht, dass ihn eine Belohnung erwartet, wenn er ein bestimmtes Verhalten zeigt, wird er das Ganze in der Regel wie ein fröhliches Spiel betrachten. Es kann nur sein, dass er einige Male »raten« muss, welche Verhalten ihm Belohnungen einbringen und welche nicht.

Im Verlauf dieses Prozesses wird der Hund viele Fehler machen, was aber normal ist. Fehler sind sogar hilfreich, denn genauso wie Handlungen, die belohnt werden, stärkere Verknüpfungen bilden, werden unbelohnte Handlungen auch schwächer. Stellen Sie es sich einmal so vor: Je mehr Fehler Ihr Hund macht, desto eher lernt er, was nicht belohnt wird. Letzten Endes wird er die unprofitablen Möglichkeiten ausschließen und diejenigen zu wiederholen beginnen, die ihm das einbringen, was er möchte.

Hunde scheinen diesen Prozess zu mögen und er funktioniert so einfach, dass Sie auch Kinder mit in das Training einbinden können. Das Einfangen von Verhalten ist besonders dann eine hilfreiche Technik, wenn Sie es mit ängstlichen, scheuen, schlecht sozialisierten oder aggressiven Hunden zu tun haben: Es scheint ihnen zu helfen, sich zu konzentrieren und zu beruhigen.

Vielleicht ahnen Sie schon, welches potenzielle Problem bei dieser Art des Trainings noch auftauchen kann: Nämlich die Belohnung sofort zum Hund zu bekommen, ohne das Verhalten zu unterbrechen. Hier haben wir das gleiche Problem, wie wir es schon beim Clickertraining besprochen haben. Der Punkt ist ja, dass wir den Hund dann belohnen möchten, wenn er gerade das Verhalten ausführt, das wir ihm beizubringen versuchen. Wenn Sie schnell loslaufen, um den Hund mit Futter zu belohnen, der auf Ihr Kommando hin unterwegs zu Ihnen ist, stoppen Sie höchstwahrscheinlich seine Bewegung in Ihre Richtung. Ihre plötzliche Überlegung kann sogar dazu führen, dass er denkt, er habe etwas falsch gemacht. Die Folge könnte sein, dass der Hund stehenbleibt – und Sie ihn für das Stehenbleiben belohnen anstatt für das Kommen. Oder Sie erschrecken ihn sogar und bringen ihn dazu, von Ihnen wegzuspringen und später unsicher oder unglücklich zu reagieren, wenn er das Wort »Hier« hört. Genau an dieser Stelle kommt die erlernte Belohnung – sei es das Geräusch eines Clickers, das Wort »ja« oder was immer sonst Sie als Belohnungssignal ausgesucht haben – ins Spiel.

Wenn Sie eine sekundäre Belohnung mit Hilfe der im vorigen Abschnitt beschriebenen Methode geschaffen haben, wird das Einfangen von Verhalten wirklich einfach. Wenn jetzt der Hund auf uns zugelaufen kommt, sagen wir »Rover, hier!« und lassen sofort das Signal für die erlernte Belohnung folgen, das ein Click, die Worte »guter Hund« oder was auch immer sein kann. Wenn dann der Hund letztlich bei uns ankommt, können wir ihm eine primäre Belohnung geben (Futter), um die Verknüpfung zu stärken und die erlernte Belohnung weiterhin mit positiven Gefühlen besetzt zu halten. Manche Trainer nennen ein Signal, das auf diese Weise eingesetzt wird, ein »Überbrückungssignal«, weil es die Zeitlücke von dem Moment, in dem der Hund das richtige Verhalten ausführt, bis zur tatsächlichen Futterbelohnung überbrückt.

Das Einfangen von Verhalten ist besonders dann hilfreich, wenn Sie einem Hund Verhalten beibringen möchten, die schwierig oder unmöglich zu erzwingen sind. So können Sie zum Beispiel, wenn Sie Ihren Hund zur Stubenreinheit erziehen, warten, bis er sich hinhockt oder ein Beinchen hebt und dann die Handlung benennen. Sie könnten »mach schnell« oder »beeil dich« sagen und dies ein oder zwei Mal wiederholen, während der Hund sich löst, und jedes Mal die erlernte Belohnung wie zum Beispiel »guter Hund« folgen lassen. Am

Ende der ganzen Aktion belohnen Sie den Hund mit Futter. Es wird nur wenige Wochen dauern, bis die Worte »Rover, mach schnell!« Ihren Hund dazu bringen, umherzuschnüffeln und einen Platz zum Lösen zu suchen. So können Sie das Lösen Ihres Hundes zumindest teilweise unter direkte Kontrolle stellen.

Aus Spaß an der Freud können Sie Ihrem Hund auch ein paar einfache Tricks mit der Technik des Einfangens beibringen. Wenn er sich zum Beispiel spontan in »Männchen-Position« hinsetzt, weil er auf ein Leckerchen wartet, können Sie das einfach mit etwas wie »Sag bitte« benennen und dann eine Belohnung geben. Nach ein paar Wiederholungen wird der Hund »Sag bitte« als Kommando verstehen und mit Aufsetzen reagieren. Sie haben das zufällige Verhalten »eingefangen« und zu einem Trick gemacht.

Was ist Training durch Locken?

Ein Problem mit dem Einfangen von Verhalten als Trainingsmethode ist, dass Sie warten müssen, bis Ihr Hund von sich aus das Verhalten zeigt, das Sie ihm beibringen möchten. Das Locken ist eine effektivere Methode, wie Sie Ihren Hund trainieren können, ohne ihn mit Ihren Händen in irgendeine Position zu schieben oder zu drücken: Sie verführen Ihren Hund praktisch dazu, die Handlungen zu zeigen, die Sie sehen möchten. Die wirksamsten und am häufigsten benutzten Lockmittel sind Futterstückchen oder andere Leckerchen.

Ein simpler Test, ob Ihr Hund zur Mitarbeit bereit ist, ist, eine Futterbelohnung vor seiner Nase auf und ab zu bewegen. Folgt er ihr mit Augen und Kopf und »nickt« dabei zustimmend, ist er bereit fürs Training. Wenn Sie den Kopf des Hundes bewegen können, können Sie auch seinen ganzen Körper bewegen und das Locktraining folglich dazu nutzen, ihm bestimmte Körperpositionen wie Sitz, Platz oder Steh beizubringen oder die Richtung seiner Bewegungen zu kontrollieren (Komm, Rolle, dreh dich, geh rechts, geh links). Oder Sie können ihn sogar dazu bringen, seine Aufmerksamkeit auf bestimmte Dinge oder Menschen zu richten.

Falls Ihr Hund dem Futter nicht mit seiner Nase folgt, versuchen Sie es mit etwas Verlockenderem oder seinem Lieblingsspielzeug, aber es hilft wirklich, wenn Sie sich die Zeit nehmen, ihm das Arbeiten für Futter beizubringen. Ich bringe jedem meiner Hunde bei, Futter zu mögen, bevor ich ihn zu trainieren beginne. Bei Welpen geht das ganz leicht, indem man ihnen das Trockenfutter über den Tag verteilt Stückchen für Stückchen aus der Hand füttert anstatt es alles auf einmal aus dem Napf zu geben. Verschwenden Sie keine wertvollen Trainingsmöglichkeiten, indem Sie Ihren Hund aus dem Napf füttern. Er wird schnell lernen, das Futter aus Ihrer Hand mehr zu schätzen als das Spielen.

Und so funktioniert das Training über Locken: Nehmen wir an, Lassie soll Sitzen auf Kommando lernen. Wenn Sie sie dazu locken können, ihre Nase zu bewegen, wird der Rest ihres Körpers folgen. Zeigen Sie ihr erst das Leckerchen und heben es dann langsam nach oben und hinten. Beschreiben Sie mit Ihrer Hand einen Bogen direkt über die Hundenase nach hinten zwischen den Augen hindurch zum Hinterkopf. Wenn Lassie nach oben schaut, um das Futter zu verfolgen, wird sich ihr Hinterteil von ganz alleine nach unten in die Sitzposition bewegen. Wenn sie hochspringt, haben Sie das Futter zu hoch gehalten. Als Nächstes sagen Sie genau wie beim Training über Einfangen »Lassie,

Sitz!« gefolgt von Ihrem Signal für eine erlernte Belohnung (»ja«, »guter Hund« oder Click) und der Futterbelohnung. Dann geben Sie Ihren Hund mit einem fröhlichen »OK!« oder »Alles fertig!« und einem kurzen Streicheln frei (dies wird automatisch zum Auflösungssignal für jedes Verhalten). Beim Sitzen ist es wichtig, dass Sie erlernte Belohnung und Futterbelohnung geben, bevor der Hund wieder aufsteht. In der Anfangsphase des Trainings müssen Sie also schnell sein. Wenn Sie diese Sequenz einige Male sowohl mit dem Hund neben als auch vor sich wiederholen, bekommen Sie schnell ein zuverlässiges »Sitz« auf Kommando. Bedenken Sie: Sie haben Ihrem Hund nicht das Hinsetzen beigebracht, denn das konnte er schon als ganz kleiner Welpe. Was Sie getan haben, ist, ihm das Hinsetzen auf Signal beizubringen. Beim Training geht es uns ja nicht darum, dass der Hund sich irgendwann von sich aus hinsetzt, sondern dass er es tut, wenn wir ihn dazu auffordern.

Sobald Ihr Hund zuverlässig auf Signal sitzen kann, sagen Sie »Lassie, Platz!« und führen ein Stückchen Futter genau vor Ihrer Nase gerade nach unten bis zum Fußboden. Nun senkt er seinen Kopf, um dem Futter zu folgen und legt sich dabei normalerweise hin. Es macht nichts, wenn er sich stattdessen hinstellt; halten Sie einfach das Leckerchen unter Ihrer Handfläche versteckt, bis er sich hinlegt. Sobald er das tut, sagen Sie »guter Hund!« (oder clicken) und geben ihm das Futter.

Während Ihr Hund lernt, die Bewegungen Ihrer Lockhand zu verfolgen, werden diese bald schon zu effektiven Handzeichen. Halten Sie Ihre Handfläche für das Sitz-Zeichen nach oben und für das Platz-Zeichen nach unten. Nach einigen Wiederholungen wird der Hund Ihr Handsignal vorwegzunehmen beginnen und allein auf Ihr Wortkommando hören. Nach weiteren Wiederholungen wird das Wortkommando das Locken ersetzen und erfolgreich die gewünschte Reaktion auslösen. Ab dann ist das Locken mit Futter nicht mehr nötig, um den Hund in die jeweilige Position zu bringen, ein Handsignal oder Wortkommando reichen dann aus.

Sobald Ihr Hund zuverlässig folgt, können Sie das Lockfutter auszuschleichen beginnen. Stecken Sie die Leckerchen in Ihre Tasche und ahmen Sie die Lockbewegungen mit Ihrer Hand nach, aber diesmal ohne Futter darin. Geben Sie weiterhin das Wortkommando. Tut Ihr Hund das Gewünschte, bekommt er weiterhin die erlernte Belohnung (»Guter Hund« oder ein Click) gefolgt von einer Futterbelohnung aus Ihrer Tasche. Als Nächstes lassen Sie Ihre Bewegungen schrittweise immer kleiner werden, sodass der Hund schon bald nur noch auf das Wortkommando alleine hört. Reagiert der Hund gut, schleichen Sie das Futter langsam aus. Schrauben Sie die Häufigkeit der Futterbelohnungen immer weiter herunter und geben Sie Ihrem Hund nur noch gelegentlich ein Leckerchen für die richtige Leistung. Die erlernte Belohnung dürfen Sie jedoch nie weglassen. Die lobenden Worte muss Ihr Hund jedes Mal hören, wenn er tut, was Sie möchten, denn Sie rufen in ihm das gleiche gute Gefühl hervor wie eine Futterbelohnung.

Das Training über Locken ist wirklich recht einfach und selbst Kinder können damit einen Hund trainieren. Auch die Hunde scheinen es zu mögen und als ein Spiel zu betrachten, bei dem sie sich Leckerchen verdienen können, wenn sie herausfinden, was der Trainer von ihnen möchte.

Sowohl das Einfangen von Verhalten als auch das Locken mit Futter haben den Vorteil, den Hund ohne jede Einwirkung über die Leine zu trainieren. Die fehlende Leine macht dem Hund klar, dass es sich auch dann für ihn lohnt, Ihren Kommandos zu folgen, wenn er nicht körperlich mit Ihnen verbunden ist oder wenn Sie ein Stück entfernt sind. Diese »Programmierung« im Kopf des Hundes ist sehr hilfreich und verschafft Ihnen eine viel verlässlichere Kontrolle über Ihren Hund.

Training mit körperlicher Einwirkung

Die frühesten schriftlich belegten systematischen Methoden zum Hundetraining beruhten sehr stark auf dem Einsatz von Leinen, Halsbändern und direkter körperlicher Einwirkung. Die Idee dahinter war, dem Hund zuerst ein Kommando zu geben und ihn dann in die gewünschte Position zu zwingen. In den ersten Büchern zur Hundeerziehung findet man deshalb eine Methode für »Sitz« beschrieben, bei der man »Sitz« sagen und dann mit der einen Hand den Hund an der Leine nach oben ziehen und mit der anderen Hand sein Hinterteil herunterdrücken sollte, um ihn so in die sitzende Position zu zwingen. Um den Hund zum Liegen zu bringen, sollte man ihn Leine oder Halsband nach unten ziehen oder die Vorderbeine nach vorne herausziehen, während man ihn mit der anderen Hand an der Schulter herunterdrücken sollte. Das Training zum »Fuß-Gehen«, also zum Gehen an lockerer Leine auf der linken Seite des Hundeführers, beinhaltete eine ganze Serie von Leinenrucken, damit der Hund weder vordrängeln noch nachtrödeln, sondern exakt an der Seite gehen sollte.

Die ersten Bücher zum Training bzw. zur »Abrichtung« wurden für die Diensthunde im deutschen Militär verfasst. Sie lagen auf gleicher Linie mit der Philosophie, nach der auch die Soldaten ausgebildet wurden – nämlich, dass Individuen jede beliebige verlange Handlung auszuführen hatten und nötigenfalls dazu gezwungen oder für die Missachtung von Befehlen bestraft werden sollten. Als man später in der Psychologie mehr Kenntnisse über das Lernen gewann, argumentierte man, dass körperliche Einwirkung eine einfache Methode sei, den Hund zur Ausführung des gewünschten Verhaltens zu bringen, besonders, wenn man ihn danach belohne. Die Methode wurde als psychologisch vernünftig betrachtet, weil das Lernprinzip ja lautet, dass das letzte Verhalten, das der Hund vor der Belohnung gezeigt hatte, verstärkt wird. Und die körperliche Einwirkung war ja dazu gedacht, den Hund zum gewünschten Tun zu zwingen, um dieses dann belohnen zu können. In Wahrheit ist das Training über direkte körperliche Einwirkung aber ziemlich kompliziert und nur einem erfahrenen Ausbilder gelingt es, es richtig zu machen. Gutes Timing, perfekte Handhabung der Leine und absolute Konsequenz sind erforderlich und die meisten Menschen brauchen sehr viel Übung, bis sie all das beherrschen.

Wenn das Training über körperliche Einwirkung richtig gemacht wird – und das heißt mit gutem Timing, auf *freundliche, geduldige und nicht bedrohliche* Art und Weise – kann diese Methode funktionieren. Eine positive Nebenwirkung ist, dass der Hund bei richtigem Vorgehen während des Trainings überall am Körper angefasst wird, was die Bindung zwischen Hund und Besitzer stärken kann. Leider wird das Training über körperliche Einwirkung aber selten gut gemacht, besonders, wenn unerfahrene Personen es versuchen.

Zunächst einmal leisten viele Hunde einfach Widerstand dagegen, in bestimmte Positionen gedrückt oder gezogen zu werden, und was nur eine körperliche Richtungsweisung sein sollte, wird zu einem Ringkampf zwischen Hund und Hundeführer. Wenn der Hund in diesem Fall belohnt wird, nachdem er die gewünschte Position erreicht hat, belohnt man möglicherweise gar nicht die Tatsache des Hinsetzens oder Hinlegens, sondern eher, dass er gegen unsere Bemühungen Widerstand geleistet und sich uns entgegen gestemmt hat. Anders gesagt: Wir belohnen ihn möglicherweise dafür, dass er versucht hat, sich nicht hinzusetzen oder hinzulegen.

Außerdem sprach ich bereits darüber, wie Gefühlsreaktionen erlernt werden können. Wenn wir nun das Training über körperliche Einwirkung betrachten, ist es wichtig, ehrlich zu sein und sich einzugestehen, dass ein scharfer Ruck an der Leine unangenehm ist. Wenn wir also Leinenrucke im Training verwenden, verknüpfen wir unangenehme Gefühle mit dem Anblick von Halsband und Leine und vielleicht sogar mit der Trainingssituation insgesamt. Und wenn wir einen unangenehmen Leinenruck nach oben mit einem kräftigen Herunterdrücken des Hinterteils des Hundes kombinieren, bringen wir ihm damit vielleicht auch noch eine negative Gefühlsreaktion auf unsere Handberührung bei.

Und weil der Hund während des gesamten Trainings an der Leine gehalten werden muss, fördern wir keine leinenlose Kontrolle, sondern bringen dem Hund eher bei, dass er nur dann auf Kommandos gehorchen muss, wenn er angeleint ist, weil wir nur dann unseren Willen durchsetzen können und er nur dann Belohnungen bekommt.

Aus all diesen Gründen hat das auf körperlicher Einwirkung beruhende Hundetraining stark an Beliebtheit verloren, auch wenn manche traditionellen Ausbilder immer noch daran festhalten.

Was ist »Formen« von Verhalten?

Auch wenn die Methoden des Hundetrainings, die wir bisher besprochen haben, gut funktionieren können, haben sie doch auch ihre Grenzen. Bei manchen Verhalten ist es unwahrscheinlich, dass sie spontan auftreten, was bedeutet, dass man sie nicht über die Technik des Einfangens trainieren kann. Manche Verhalten sind zu komplex oder bestehen aus zu vielen Schritten, als dass man den Hund mit Locken oder körperlicher Einwirkung dazu bringen könnte. Für diese Art von Verhalten verwenden wir eine Technik namens »Formen«, die auf dem Prinzip der schrittweisen Annäherung beruht. Dabei werden Verhalten oder Teile von Verhalten belohnt, die nach und nach dem Verhalten, das wir eigentlich erreichen wollen, immer näher kommen.

In den 1950er Jahren demonstrierte der bekannte Psychologe B.F. Skinner von der Universität Harvard, dem wir die Grundlagenforschung dazu verdanken, wie das Formen von Verhalten funktioniert, diese Methode anhand eines Beispiels: Wie bringt man einem Hund bei, eine Glocke zu läuten, die an der gegenüberliegenden Raumseite an der Wand hängt? Das erste, was Sie tun müssen, so stellte Skinner heraus, ist, genau festzulegen, wie das Zielverhalten aussehen soll. In diesem Fall war es einfach, dass der Hund die Glocke anstoßen und sie damit zum Läuten bringen sollte. Als Nächstes müssen Sie das Verhalten in so viele einfache Einzelteile splitten, wie es praktikabel ist. Jedes dieser einfachen Verhalten wird über die Technik des Einfangens trainiert und mit einem erlernten Belohnungssignal (bleiben wir für dieses Beispiel einmal bei dem Wort »ja«) und einer nachfolgenden kleinen Futterbelohnung belohnt. In diesem Fall könnte die Liste der Verhalten zum Beispiel etwa so aussehen:

1. Der Hund dreht den Kopf und schaut in die ungefähre Richtung der Glocke.
2. Er dreht seinen ganzen Körper in Richtung der Glocke.
3. Er macht einen Schritt in Richtung der Glocke.
4. Er macht mehrere Schritte auf die Glocke zu.
5. Er legt ein Viertel der Strecke bis zur Glocke zurück.
6. Er legt die Hälfte der Strecke bis zur Glocke zurück.
7. Er legt Dreiviertel der Strecke bis zur Glocke zurück.

8. Er geht bis zur Glocke und steht in der Nähe.

9. Er geht zur Glocke und schaut sie an.

10. Er nähert seine Nase der Glocke an.

11. Er berührt die Glocke mit der Nase.

12. Er stupst die Glocke so fest mit der Nase an, dass sie sich bewegt.

13. Er stupst die Glocke so fest mit der Nase an, dass sie läutet.

Beachten Sie, dass wir in sehr kleinen Schritten vorgehen und jeder Schritt beherrscht werden muss, bevor wir zum nächsten weitergehen. Kleine Schritte sind deshalb wichtig, weil wir es damit wahrscheinlicher machen, dass der Hund uns das nächste Verhalten aus der Abfolge anbietet, sodass wir dieses wiederum einfangen und belohnen können. Sobald wir dieses Verhalten haben, können wir zum nächsten Schritt weitergehen. So ist es für den ersten Schritt zum Beispiel wahrscheinlich, dass der Hund irgendwann einmal den Kopf von uns wegdreht und in die ungefähre Richtung der Glocke schaut. An diesem Punkt können wir »ja« sagen und eine Futterbelohnung folgen lassen. Der Hund lernt schnell, dass er sich während des Trainings Leckerchen verdienen kann, wenn er etwas richtig macht. Letzten Endes schaffen wir eine Situation, in der wir den Hund dazu bringen, selbst nachzudenken. Wenn wir das richtig machen und seine Gedanken lesen könnten, würde ein Hund während des Formungsprozesses wohl etwa Folgendes zu sich selbst sagen: »Wie bekomme ich dieses Leckerchen? Was muss ich tun? Ich versuche es mal so. Das hat nicht funktioniert. Dann versuche ich etwas anderes« und so weiter. Je mehr Verhalten der Hund auszuprobieren bereit ist, desto wahrscheinlicher ist es, dass er uns das Verhalten gibt, das wir uns wünschen und das wir einfangen und belohnen können.

Die erlernte Belohnung (der Click oder das Lobwort) muss sofort kommen, wenn der Hund die gewünschte Reaktion gezeigt hat und bevor er irgendetwas anderes tut. Der Unterschied zwischen guten und sehr guten Trainern ist, wie zeitlich präzise sie diese erlernte Belohnung setzen können. Gute Trainer müssen auch gute Beobachter sein, sonst können ihnen Verhalten entgehen, die sie hätten belohnen müssen. Das Training muss außerdem ein recht flexibler Prozess sein. Wenn der Hund mit einem Schritt Schwierigkeiten zu haben scheint, muss der Trainer einen oder zwei Schritte zurückgehen, um das Ganze wieder in Gang zu bringen. Hat der Hund dann immer noch Schwierigkeiten mit einem Schritt, muss der Trainer schauen, ob er diesen Schritt noch in weitere, einfachere Zwischenschritte zerlegen kann, die der Hund bewältigen kann. Jeder Einzelschritt muss außerdem so zuverlässig trainiert sein, dass er als Basis für den nächsten dienen kann, der darauf aufbaut. Sobald ein Schritt gelernt ist, muss der Trainer aber auch zum nächsten weitergehen und die Belohnung für den vorherigen wieder ausschleichen.

Anfangs funktioniert diese Art des Trainings meistens ziemlich schnell, wird aber langsamer, je komplexer die Anforderungen werden. Der Trainer muss wachsam sein, um Möglichkeiten zu finden, wie er den Hund oft genug belohnen kann, damit dieser nicht frustriert wird oder aufgibt. Sollten irgendwelche Anzeichen von Unsicherheit auftreten, muss der Trainer bis zu dem Schritt zurückgehen, den der Hund perfekt beherrschte und dann von dort aus weitermachen.

Diskutiert wird immer wieder darüber, zu welchem Zeitpunkt man das eigentliche Kommando für das Verhalten einführen sollte. Bei einfachen Verhalten wie »Sitz« oder »Platz«, die nicht geformt werden müssen, wird das Kommando meistens dann gegeben, wenn der Hund das korrekte Verhalten zu zeigen beginnt. Wenn Trainer eine geformte Verhaltenssequenz trainieren, warten sie mit dem Hinzufügen des Kommandos oft so lange, bis der Hund das Zielverhalten zuverlässig beherrscht. In unserem Beispiel würden wir also »Lassie, läuten« dann hinzufügen, wenn wir wissen, dass Lassie zuverlässig zur Glocke laufen und diese läuten wird. Ich persönlich arbeite gern von Anfang an mit nonverbalen Kommandos wie einer Armbewegung, um den Hund in Bewegung zu bringen und füge das gesprochene Kommando dann hinzu, wenn der Hund tatsächlich tut, was ich möchte.

Wenn Sie mit Formen arbeiten, lernen die meisten Hunde, sich auf das Training zu freuen. Sobald der Hund weiß, dass jetzt Trainingszeit ist, wird er Ihnen in der Regel alle Verhalten anbieten, die er schon kennt, um herauszufinden, welches Sie wohl dieses Mal belohnen werden. Schlaue Hunde lernen, dass sie etwas anderes versuchen sollten, wenn die schon bekannten Verhalten nicht belohnt werden und bieten Ihnen oft Verhalten an, die Sie noch nie zuvor gesehen haben – auf gut Glück hin, dass Sie vielleicht eins davon dieses Mal belohnen werden. Ein Nebeneffekt des Trainings über die schrittweise Annäherung ist, dass es immer einfacher wird, neue Verhalten einzufangen, die in Zukunft vielleicht einmal nützlich sein könnten.

Wo liegen die Grenzen des Lernens für Hunde?

Es ist schwierig zu sagen, wie viel genau ein Hund lernen kann und neuere Forschungsergebnisse verschieben die Grenzen dessen, was wir für möglich gehalten haben, immer weiter nach oben. Ein Durchbruch in Sachen unserer Fähigkeit, die Intelligenz von Hunden messen zu können, fand in den frühen 1990er Jahren statt. Damals wurde mir langsam klar, dass eine Möglichkeit zum Einschätzen der geistigen Leistungsfähigkeit von Hunden darin liegen könnte, Testverfahren zu verwenden, die zur Intelligenzmessung von Kindern entwickelt worden waren und sie so abzuändern, dass man sie für Hunde benutzen konnte. Wenn ein Hund einen bestimmten Test bestand, so die Idee, hatte er genau wie ein getestetes Menschenkind klar bewiesen, dass er die überprüften geistigen Eigenschaften besaß. Zusätzlich eröffnete sich die Möglichkeit, dass es mit den Testergebnissen auch machbar sein sollte, die Intelligenz der Hunde in Entsprechung zum Lebensalter beim Menschen zu setzen. Wenn man so die Leistungen eines Hundes mit denen eines Kindes vergleichen würde, müssten wir eine klarere Vorstellung von den geistigen Fähigkeiten eines Hundes erhalten. Offensichtlich hatte ich Recht, denn eine Reihe von Verhaltensforschern wendeten letzten Endes die gleiche Strategie an.

Meine ersten eigenen Forschungen mit dieser Technik begann ich, als ich die Fähigkeit der Hunde zum Lernen von Sprache untersuchte, wie ich sie in meinem Buch Die Intelligenz der Hunde beschrieben habe. Ich begann das sogenannte MacArthur Communicative Development Inventory zu modifizieren, das verschiedene Formen zur Beurteilung von Sprach- und Kommunikationsfähigkeit bei Kleinkindern beinhaltete. Dabei ging es nicht nur um den Gebrauch von Wörtern, sondern auch um den von Gesten. Ich arbeitete in meinen Tests nur mit Familienhunden, die nicht besonders zum Verstehen von Worten oder Gesten ausgebildet waren und kam zu dem Ergebnis, dass Hunde im Schnitt ungefähr die Intelligenz eines zweijährigen Kindes besitzen. Weitere Arbeiten brachten mich dann zu der Erkenntnis, dass die intelligentesten Hunde die geistigen Fähigkeiten eines zweieinhalbjährigen Kindes hatten. Dabei war ich der Meinung, dass wir nicht genau herausfinden würden, wie weit wir die Fähigkeiten eines Hundes bringen konnten, ehe wir nicht einen Hund speziell darauf trainieren würden, die menschliche Sprache bestmöglich zu verstehen.

Wenn meine Einschätzung korrekt war, sollte es möglich sein, einen schlauen Hund zum Verstehen von etwa 200 oder mehr Wörtern zu bringen. Einige Jahre nach meinen ersten Forschungen erschienen wissenschaftliche Artikel, die bestätigten, dass ein Border Collie namens Rico, der speziell auf eine Erweiterung seines Wortschatzes trainiert worden war, eine Sprachkompetenz von ungefähr dieser Größenordnung hatte. Seitdem haben viele Wissenschaftler herauszufinden versucht, wie viel Sprache ein Hund tatsächlich lernen kann. In dem Moment, in dem ich dieses Buch schreibe, ist der linguistisch gebildetste Hund vermutlich ein Border Collie namens Chaser, der dem pensionierten Psychologen John Pilley gehört. Chasers Wortschatz umfasst rund eintausend Wörter – etwa das, was wir von einem dreijährigen Kind erwarten können. Chaser versteht nicht nur einzelne Worte, sondern auch Konzepte und Kategorien wie »Ball«, die verschiedene Gegenstände von verschiedener Größe und Texturen beschreiben können. Seine Kenntnisse flogen Chaser allerdings nicht einfach so zu, sondern sie mussten mit viel Training erlernt werden. Dr. Pilley verbrachte oft vier oder mehr Stunden am Tag damit, den Hund zu trainieren. Es erscheint deshalb wahrscheinlich, dass Pilleys Forschungen die Grenzen dessen, was ein Hund verstehen kann, weiter nach oben verschieben.

Die Vorstellung, dass die Lernfähigkeit eines Hundes etwa der eines zwei bis drei Jahre alten Kindes entspricht, muss aber auch mit gewissen Einschränkungen verstanden werden. Hunde sind athletischer und körperlich weiter entwickelt als zwei- oder dreijährige Kinder und können deshalb Fertigkeiten etwa im Springen oder Schwimmen lernen, zu denen Kinder nicht in der Lage sind, auch wenn die Kinder die Konzepte von Springen oder Schwimmen schon verstehen würden. Andererseits haben Kinder dank ihrer Finger und Daumen bessere manipulative Fähigkeiten als Hunde. Manche Aufgaben hängen außerdem von den Sinnesleistungen ab: Hunden Dinge beibringen zu wollen, die mit feiner Farbunterscheidung zu tun haben oder Kindern Aufgaben zur Geruchsunterscheidung zu stellen, wäre natürlich unsinnig.

Letztlich ist es außerdem wichtig, unsere Schlussfolgerungen auf geistige und intellektuelle Fähigkeiten zu begrenzen, denn was zum Beispiel soziales Bewusstsein, Interesse an Sex, Dominanz und Hierarchie innerhalb von Gruppen betrifft, sind Hunde in ihrer intellektuellen Funktion eher mit menschlichen Teenagern zu vergleichen.

Wenn wir also aus dieser Art von Forschung eine Schlussfolgerung ziehen, dann die, dass Hunde die geistigen Fähigkeiten von zwei- bis dreijährigen Kindern besitzen – zumindest, was Sprache, Objekterkennung und Konzeptbildung betrifft. Eine Aufgabe, die für ein zwei- oder dreijähriges Kind zu schwierig zu lösen wäre, übersteigt also vermutlich auch die geistigen Möglichkeiten eines Hundes.

Das Besondere an Welpen und alten Hunden

Wie entstehen Welpen?

Angesichts der Zahl der Hunde in der Welt ist es überraschend, wie wenig der Durchschnittsmensch über Trächtigkeit und Geburt bei Hunden weiß.

Eine Hündin ist nur dann fruchtbar und akzeptiert nur dann einen Rüden zur Paarung, wenn sie »heiß« oder »läufig« ist. Die wissenschaftlich korrekte Bezeichnung für diese dreiwöchige Phase im Lebenszyklus der Hündin ist »Östrus«. Der Begriff stammt aus dem Griechischen und bedeutet ursprünglich »wilde Leidenschaft«, was sicherlich die Willigkeit von Hündinnen gegenüber mehreren Rüden in dieser Zeit beschreibt. In der Regel haben die meisten Hunderassen zwei Östrusphasen pro Jahr, während die Zeitabstände zwischen den beiden Hitzen zwischen sechs und neun Monaten variieren können. Wildkaniden wie Wölfe haben nur einen Östruszyklus pro Jahr. Manche ursprünglichen Hunderasse wie Basenjis und Rhodesian Ridgebacks, die ihren wilden Vorfahren noch näher sind, folgen diesem Muster und werden nur einmal im Jahr läufig.

Bei Frauen zeigt die Menstruationsblutung eine unfruchtbare Phase an, während bei Hündinnen der Hinweis der beginnenden Hitze mit einem blutigen Ausfluss beginnt, der dann allmählich klar wird (bei manchen Hündinnen sind aber auch während des gesamten Östrus Blutspuren zu finden). Die gesamte Hitze dauert zwar etwa einundzwanzig Tage, aber die Hündin akzeptiert Rüden in der Regel nur etwa zehn Tage lang, normalerweise beginnend ab dem neunten Tag. Wenn Sie Ihre Hündin während dieser Zeit an der Schwanzwurzel berühren, wird sie die Rute zur Seite halten, um einem Rüden das Aufreiten zu ermöglichen. Manche Züchter bezeichnen das als »flittchenhaftes« Verhalten. Die eigentliche fruchtbare Phase beginnt, wenn der Scheidenausfluss aufhört und der Eisprung (Ovulation) stattfindet. Dieses Zeitfenster ist sehr viel enger und dauert nur vier bis sieben Tage.

Normalerweise dauert die Trächtigkeit bei Hunden 58-65 Tage (acht bis neun Wochen). Während der ersten Wochen lässt sich keine sichtbare Veränderung bei der Hündin feststellen. Mit der Veränderung ihrer Hormonbalance können geschwollene Zitzen der erste Hinweis auf eine Trächtigkeit sein: Ab etwa der sechsten Trächtigkeitswoche werden die Zitzen sichtbar. Ungefähr zu diesem Zeitpunkt nach der letzten Hitze können manche unkastrierte Hündinnen auch Anzeichen einer »Scheinträchtigkeit« zeigen. Sie sammeln dann typischerweise Spielsachen oder Schuhe ein, bauen ein Nest und versuchen die zusammengetragenen Gegenstände manchmal sogar so zu bemuttern, als ob sie Welpen wären. Normalerweise verschwindet dieses Verhalten von selbst wieder.

Die Gebärmutter der Hündin ist wie der Buchstabe »Y« geformt, wobei die beiden »Hörner« des Ypsilons sich auf je einer Bauchseite befinden. War die Bedeckung erfolgreich, enthält jedes dieser Hörner sich entwickelnde Embryonen, die darin wie Erbsen in einer Schote aufgereiht sind. Oft kann man allein anhand von Palpation (vorsichtigen Fingerdruck) herausfinden, ob die Hündin tragend ist oder sogar, wie viele Welpen sich im Wurf befinden. Dies ist etwa vier bis fünf Wochen nach der Empfängnis möglich – viel später nicht mehr, weil die Gebärmutter sich dann zu stark mit Flüssigkeit füllt und es unmöglich wird, die einzelnen »Knubbel« zu ertasten, aus denen später einmal Welpen werden.

Die werdende Mutter zeigt die bevorstehende Geburt ihrer Welpen an, indem sie etwa einen Tag vorher den Appetit verliert. Sie wird unruhig und wird sich einen Platz für die Geburt aussuchen – und es kann durchaus sein, dass dies nicht die schöne neue Wurfkiste ist, die der Besitzer für sie vorbereitet hat.

Kurz vor Einsetzen der Wehen platzt die erste Fruchtblase. Jeder Welpe hat eine eigene. Beim Zerplatzen setzt sie eine Flüssigkeit frei, die Urin sehr ähnlich sieht. Dann beginnen langsam die Wehen und der erste Welpe kommt etwa zwei Stunden nach deren Einsetzen zur Welt. Die nachfolgenden Welpen werden mit Abständen von 10 bis 75 Minuten geboren, wobei jeweils zwischen rechtem und linkem Gebärmutterhornabgewechseltwird.Inkleineren Würfen sind die Welpen oft größer und haben es deshalb schwerer, durch den Geburtskanal zu passen, weshalb die Geburt länger dauern kann. In größeren Würfen sind die Welpen kleiner und flutschen deshalb in der Regel viel schneller heraus.

Als der Mensch die verschiedenen Hunderassen schuf, hat er den Geburtsprozess für einige von ihnen sehr erschwert. Bei sehr kleinen Rassen wie dem Yorkshire Terrier kann ein Kaiserschnitt (operative Öffnung der Bauchhöhle zur Entnahme der Welpen) erforderlich sein. Das gilt auch für Rassen wie den English Bulldog, deren Köpfe zu groß gezüchtet wurden, um noch durch die Scheide der Mutterhündin zu passen.

Im Allgemeinen kann man sagen, dass die Zahl der Welpen pro Wurf von Rasse zu Rasse zu unterschiedlich ist, wobei die kleineren Rassen weniger Welpen haben. Am anderen Ende des Spektrums haben wir zum Beispiel Tia: Sie war eine Mastino Napoletano-Hündin mit einer Schulterhöhe von 75 cm und einem Gewicht von 70 Kilo. Im Jahr 2005 brachte dieser große Hund einen Wurf mit 24 Welpen zur Welt!

Warum sehen die Welpen in einem Wurf oft so unterschiedlich aus?

Es ist doch seltsam, dass sich die Welpen in manchen Würfen so ähnlich sehen, dass man sie für Klone halten könnte, während andere Würfe Welpen der unterschiedlichsten Formen, Größen, Farben und Persönlichkeitsmerkmale beinhalten. Diese unterschiedlichen Ergebnisse sind alle eine Sache der Genetik.

Das Grundprinzip ist: Je ähnlicher sich die Eltern in Aussehen, Größe und Verhalten sind, desto ähnlicher werden sich die Welpen untereinander sein. Daher überrascht es auch nicht, dass die Würfe von Rassehunden in der Regel viel einheitlicher ausfallen als die von Mischlingen. Das liegt daran, dass Rassehunde durch selektive Züchtung so verändert wurden, dass es viel weniger genetische Variabilität von Hund zu Hund und innerhalb einer Rasse gibt. Bestimmte Eigenschaften wurden »fixiert«, sodass sie zu vorhersagbaren Merkmalen der Rasse wurden – einschließlich Körperbau, Farbe und grundlegender Verhaltensprädisposition. So wird man zum Beispiel in einem Wurf Golden Retriever niemals einen schwarzen, gepunkteten oder gescheckten Hund finden. Der Grund dafür, warum wir uns auf bestimmte Merkmale innerhalb einer Rasse verlassen können, wird von Genetikern als »Homozygotie« bezeichnet. Der Begriff meint nichts anderes, als dass die Hunde einer Rasse über ähnliches genetisches Material verfügen. Wenn Sie also zwei Cocker Spaniel miteinander verpaaren, werden Sie im Wurf nie etwas finden, das wie ein English Bulldog aussieht. Es ist wie mit einem Topf Hühnerbrühe: Sie können einen Schöpflöffel hineintauchen, so oft Sie wollen und es wird immer nur Hühnerbrühe darin sein, einfach deshalb, weil es eine so einheitliche Suppe ist.

Sobald Sie Hunde unterschiedlicher Rassen miteinander verpaaren, ändert sich die Situation jedoch dramatisch. Jetzt haben Sie es mit etwas zu tun, das die Genetiker »Heterozygotie« nennen, sprich einer breiten Mischung verschiedener Gene. Wenn wir zu unserem Suppenvergleich zurückkehren, haben wir es jetzt mit einer Rindfleischsuppe zu tun, in der sich große Stücke verschiedener Gemüsesorten befinden. Wenn wir hier einen Schöpflöffel eintauchen, haben wir beim einen Mal vielleicht Rindfleisch, Tomaten und ein paar Erbsen darin, während wir beim nächsten Mal wenig Fleisch, ein paar Kartoffeln und viele Erbsen, Möhren und Zwiebeln bekommen. Bei Kreuzungen fällt es also schwer, auf das Aussehen der Welpen zu wetten. Nehmen wir einmal an, Sie kreuzen einen Scottish Terrier mit einem Pudel. Einige der Welpen sehen möglicherweise wie Scotties und andere wie Pudel aus. Es kann aber auch ein paar seltsame Mixturen geben, die aussehen wie langbeinige Scotties oder ein Pudel mit eckigem Gesicht oder wie ein gelockter Terrier – und so weiter.

Von Kreuzungen abgesehen gibt es bei Hunden noch einen anderen Grund dafür, warum die Welpen eines Wurfs nicht alle gleich aussehen oder sich gleich benehmen: sie können unterschiedliche Väter haben. Bei Rassehunden und verantwortungsvollen Züchtern wird natürlich großer Wert darauf gelegt, dass dies nicht passiert. Es kann aber trotzdem vorkommen, weil die Hündin mehrere Eier (Ova) gleichzeitig produziert und deshalb in der Regel einen ganzen Wurf und nicht nur einen einzigen Welpen bekommt. Beim Eisprung sind die Eier noch unreif und werden erst in den nächsten zwei bis drei Tagen reif. Trotzdem sind einige von ihnen schon weit genug, dass Sperma erfolgreich in sie eindringen kann. Nach der Reife sind die Eier weitere zwei bis sieben Tage lang befruchtungsfähig. Wenn wir uns die männliche Seite der Fortpflanzung anschauen, stellen wir fest, dass Rüdensperma bis zu acht Tage lang lebendig und funktionsfähig bleiben kann. Wenn Sie nun noch die Verhaltensaspekte hinzufügen, nämlich dass Hunde polygam sind und sich mit jedem paaren, der gerade zur Verfügung steht und Hündinnen eine Woche lang oder länger empfängnisbereit sind, ist klar, dass die Situation wirklich kompliziert werden kann. Wenn die Mama also ein »Partygirl« war, kann es sein, dass die Welpen in ihrem Wurf ziemlich unterschiedlich aussehen, weil sie verschiedene Väter hatten.

Warum kommen Welpen mit geschlossenen Augen und Ohren zur Welt?

In der Evolution der Säugetiere musste jede Spezies gewissermaßen eine Wahl treffen. Sie musste Strategien zur Fortpflanzung und Entwicklung auswählen, die ihr und ihren Nachkommen die besten Überlebenschancen in der jeweiligen Umgebung boten. Die gewählte Alternative musste ebenfalls zu den üblichen Verhaltensmustern passen, die die Tiere zum Überleben zeigen. Weil Säugetiere lebende Junge gebären, haben sie die Wahl zwischen entweder einer langen Tragezeit und der Geburt eines vollständig ausgeformten und funktionsfähigen Nachkommen oder einer kurzen Tragezeit und der Geburt unreifer, noch nicht fertig ausgebildeter Nachkommen, die hilflos sind und viel Pflege benötigen.

Das eine Extrem sind Tiere wie Kühe oder Hirsche. So beträgt die Tragzeit einer Kuh beispielsweise neun Monate. Ein neugeborenes Kalb wiegt 25-45 Kilogramm und sein Gehirn ist voll entwickelt. Was die Sinnesorgane betrifft, kann es gut sehen und hören. Am wichtigsten aber ist, dass es gut genug laufen kann, um mit der Herde mitzuhalten. Biologen bezeichnen die Tierarten, die relativ reife und mobile Nachkommenhervorbringen,bezeichnenderweise als »Nestflüchter«, denn für eine Tierart, für die das Weglaufen vor Raubtieren überlebenswichtig sein kann, ist es natürlich eine Notwendigkeit, schon voll entwickelt auf die Welt zu kommen.

Die verschiedenen Canidenarten einschließlich der Hunde zeigen das andere Extrem. In freier Wildbahn sichern die Caniden sich ihr Überleben durch die Jagd. Einen Wurf Welpen auszutragen macht die Hündin langsamer, erschwert ihr das Verfolgen schnellerer Beutetiere und das Leisten ihres Beitrags zur gemeinschaftlichen Jagd im Rudel. Die Welpen so schnell wie möglich aus dem Bauch zu bekommen ist deshalb ein Vorteil. Außerdem gibt es zwischen den Jagden (zwischen denen Tage liegen können) nicht viel zu tun, sodass die Hündin Zeit hat, sich um ihre hilflosen Kleinen zu kümmern. Wenn sie zum Jagen unterwegs ist, können die Welpen sicher in der Wurfhöhle zurückgelassen werden.

Die Tragezeit ist bei Hunden mit nur zwei Monaten (im Durchschnitt 58-65 Tage) kurz, dafür sind die neugeborenen Welpen aber ziemlich hilflos. Biologen nennen die Spezies, die unreife Nachkommen hervorbringen, »Nesthocker« – die Jungen müssen über einen langen Zeitraum gefüttert und umsorgt werden.

Viele entscheidende Organe einschließlich des Gehirns sind bei Welpen zum Zeitpunkt der Geburt noch nicht vollständig ausgebildet und entwickeln sich während der nächsten Wochen rapide weiter. Das Gleiche gilt für die Augen. Welpen werden also deshalb mit fest geschlossenen Augenlidern geboren, weil die Augen selbst sich noch entwickeln und extrem empfindlich sind. Sie brauchen den Schutz der Augenlider, damit das noch unreife optische System vor möglichen Schäden durch Fremdkörper wie Schmutz, Sand oder Krankheitskeimen geschützt ist. Auch zu helles Licht könnte in diesem Stadium die noch empfindlichen Fotorezeptoren und optischen Mechanismen schädigen.

Die meisten Welpen beginnen ihre Augen im Alter von etwa zwei Wochen zu öffnen, aber selbst dann sind sie noch nicht vollständig entwickelt und funktionieren noch nicht perfekt. Es dauert noch mehrere Wochen, bevor die Augen fertig entwickelt sind und das Sehvermögen der Welpen sich dem Normalen nähert.

Welpen werden aber nicht nur mit geschlossenen Augen, sondern auch praktisch taub geboren, weil ihre Gehörkanäle noch verschlossen sind. Dabei ist für die sich noch entwickelnden Ohren relative Ruhe wichtig, weil Töne zu Druckveränderungen führen, die die Strukturen im fertigen Ohr mechanisch bewegen. Wenn der noch zerbrechliche Hörapparat von Welpen auf Geräuschreize reagieren muss, bevor er voll entwickelt ist, kann dies bleibende Schäden verursachen.

Die Gehörkanäle beginnen sich etwa zur gleichen Zeit zu öffnen wie die Augen, wobei die Ohren zum Zeitpunkt ihrer Öffnung viel weiter entwickelt sind als die Augen. Normalerweise ist das Gehör der Welpen etwa eine Woche nach Öffnung der Gehörkanäle voll einsatzfähig und schon ziemlich genau.

Warum sind Welpenaugen anfangs blau?

Wenn Welpen im Alter von etwa zwei Wochen zum ersten Mal ihre Augen öffnen, sind diese blau. Typischerweise handelt es sich um ein milchig erscheinendes Graublau, aber auch eisblau oder blaugrün sind mögliche Alternativen. Diese blaue Farbe sieht zwar attraktiv aus, ist aber ein Hinweis darauf, dass die Augen des Welpen noch nicht fertig entwickelt sind. Der noch nicht vollständig entwickelte Teil ist in diesem Fall die Iris, also der farbige Bereich des Auges. Sinn der Iris ist es, die ins Auge eindringende Lichtmenge durch Veränderung der Pupillengröße zu regulieren. Die Iris ist deshalb pigmentiert, um Licht von allem außer der Pupille abzublocken, denn Farbe absorbiert ja Licht. Dieses Pigment braucht aber Zeit, um sich zu entwickeln.

Vielleicht fragen Sie sich jetzt: »Aber blau ist doch auch ein Pigment?« In diesem Fall kommt die Farbe aber nicht von dem Pigment des Auges, sondern von einem physikalischen Prinzip namens Rayleigh- Streuung, das übrigens auch dafür sorgt, dass der Himmel uns gleichmäßig blau erscheint. Es basiert auf folgender Tatsache: Wenn Licht auf etwas trifft, von dem es reflektiert oder zurückgeworfen werden kann, werden die kürzeren Wellenlängen (die für uns blau aussehen) zerstreut und über einen größeren Bereich verteilt. So ist es auch beim Himmel, wenn das Sonnenlicht auf Feuchtigkeitsmoleküle oder Staubpartikeltrifft:Diekurzenblauen Wellenlängen werden effektiv über den ganzen Bereich verwischt, sodass der Himmel blau aussieht. Das gleiche passiert auch mit Licht, das in die schwach pigmentierte Iris eines Welpen eindringt und sie für uns blau aussehen lässt.

Die blaue Farbe geht allmählich verloren, wenn die Iris sich über einen Zeitraum von bis zu zwei Monaten mit Pigment zu füllen beginnt. Letztlich nimmt das Auge seine endgültige Farbe an, die von fast schwarz über verschiedene Brauntöne je nach Rasse bis zu einem hellen Gelb reichen kann. Es gibt aber auch Ausnahmen – die bekanntesten sind Rassen wie der Siberian Husky und manche Hütehunde wie Collies, Shetland Sheepdogs oder Australian Shepherds, wo bei manchen Tieren das Pigmentniveau niedrig bleibt und die Augen immer blau erscheinen.

Ein ähnlicher Prozess findet auch beim Menschen statt. Babys afrikanischer oder asiatischer Abstammung kommen in der Regel mit braunen Augen zur Welt, die auch braun bleiben, während die kaukasischer Abstammung (zu der die Europäer zählen) oft mit stahlgrauen oder dunkelblauen Augen geboren werden. Die Pigmentdichte erhöht sich im Lauf der nächsten neun Monate. Natürlich bleiben manche Augen auch grau oder blau, während andere grün oder hellbraun werden. Die meisten werden mit der Zeit aber braun – genau wie die Augen der meisten Hundewelpen.

Warum schlafen Welpen auf einem Haufen?

Besonders in den ersten Lebenswochen findet man die Welpen eines Wurfs in der Regel dicht zusammengedrängt und oft über- und untereinander auf einem Haufen schlafend. Für dieses Verhalten gibt es zwei Gründe: Der eine hauptsächliche hat mit Wärme zu tun. Sie erinnern sich: Welpen werden in ziemlich unterentwickelter Form geboren. Während der ersten zwei bis drei Wochen fehlt ihnen sogar die Fähigkeit, die eigene Kernkörpertemperatur aufrecht zu erhalten. Die normale Körpertemperatur eines erwachsenen Hundes beträgt 38° C aber Welpen schaffen es zu Beginn ihres Lebens nur, eine innere Wärme von 36° C zu erzeugen. Ihre durchschnittliche Körpertemperatur steigt im Verlauf mehrerer Wochen bis aufs Normale, aber bis das geschieht, sind sie vollkommen davon abhängig, dass die Umwelt ihnen die nötige Wärme liefert. Dies ist der Grund dafür, warum die meisten guten Züchter versuchen, ihren Welpen zusätzliche Wärme zukommen zu lassen. Oft kommen Wärmedecken zum Einsatz, aber auch kleine, außerhalb der Reichweite der Welpen aufgestellte Heizradiatoren oder Wärmelampen, die in sicherem Abstand über dem Aufenthaltsbereich der Welpen aufgehängt werden. Alternativ kann der Aufenthaltsbereich der Welpen neben einer Heizung eingerichtet werden. Wichtig ist, dass es nicht zu heiß wird, weil auch die Hündin Zeit in diesem Bereich verbringen muss und Überhitzung bei erwachsenen Hunden zu einem Problem werden kann.

Zum Glück gibt es in der Umgebung von Welpen immer eine nahegelegene und leicht zugängliche Wärmequelle: die Wurfgeschwister mit der Körperwärme, die sie abstrahlen. Typischerweise entsteht aus müden Welpen immer ein Haufen, weil jeder versucht, sich dicht an den anderen heranzudrängen, auf andere heraufzuklettern oder unter sie zu kriechen, um deren Körperwärme abzubekommen. Der zweite Grund für die »Haufenbildung«, der mit fortschreitender Entwicklung der Welpen immer wichtiger wird, ist, dass junge Hunde extrem gesellig sind und die Gesellschaft anderer Lebewesen dringend brauchen. Wenn sie sozial von ihren Wurfgeschwistern oder ihrer Mutter isoliert werden, werden sie gestresst und unglücklich. Jeder Welpe dient als Gesellschaft für seine Wurfgeschwister und erfährt selbst soziale Wärme, indem er sich eng genug an die anderen Welpen drängt und deren Berührung spürt. Wenn alle Welpen der Gruppe zusammenzukriechen versuchen, um die trostreiche Gegenwart der anderen zu erfahren, ist das Ergebnis ein Haufen Welpen.

Warum erschlaffen manche Welpen, wenn man sie hochhebt?

Eine der Merkwürdigkeiten des Verhaltens von Welpen ist ihre Reaktion, wenn man sie hochhebt. Sie hüpfen umher, spielen und rangeln mit ihren Wurfgeschwistern und rennen mit überschäumender Energie, aber noch ein wenig unkoordiniert hin und her – aber wenn Sie einen hochheben, ist es so, als ob Sie ein elektrisches Spielzeug ausgeschaltet hätten. Unerklärlicherweise wird der Welpe plötzlich so schlaff wie zu lange gekochte Spaghetti, seine Muskeln geben nach und er schließt möglicherweise sogar die Augen.

Was Sie hier sehen, ist eine Reaktion, die sich in der Evolution herausgebildet hat. In freier Wildbahn sorgten Caniden wie Wölfe und die anderen Verwandten unserer Haushunde dadurch für die Sicherheit ihrer Welpen, dass sie sie in ihrem Bau hielten, besonders, wenn in der Nähe eine Gefahr drohte. Wenn eine Hündin ihre Welpen transportiert, packt sie sie mit den Zähnen am Nackenfell, hebt sie hoch und trägt sie in die Sicherheit des Baus. Damit es einfacher ist, alle Kleinen schnell in Sicherheit zu bringen, wird der Welpe ganz schlaff, sobald er spürt, dass er den Bodenkontakt verloren hat. Durch Strampeln könnte er sich nur selbst verletzen oder den Ärger seiner Mutter auf sich ziehen. Zappelnde Welpen könnten sogar zurückgelassen werden, während diejenigen, die ruhig sind, schnell aus dem Gefahrenbereich gebracht werden. Genau so funktioniert die Evolution: Von den Welpen, die nachgeben und sich nicht wehren, überleben mehr, weshalb dieses Verhalten in den künftigen Generationen verankert wird.

Das Verhalten bleibt allerdings nicht ewig bestehen. Mit der Zeit nimmt die Wahrscheinlichkeit dafür ab, dass der Welpe beim Hochgehobenwerden erschlafft. Sobald die Welpen adoleszent werden, beginnen sie wie alle Teenager aktiven Widerstand gegen alle Versuche zu leisten, ihr Verhalten kontrollieren zu wollen. Sobald sie in diese Phase kommen, wird das Hochheben eines jungen Hundes eher zum Versuch, einen wirbelnden Derwisch anstatt eines nassen Lappens festzuhalten.

Warum machen Hündinnen ihre Welpen in den ersten Wochen sauber?

Neugeborene Welpen sind so hilflos und unreif, dass sie noch nicht einmal alleine Urin oder Kot absetzen können. Sie brauchen tatsächlich die Hilfe ihrer Mutter, damit diese sehr grundlegenden Funktionen angeregt werden. Die Mutterhündin leckt den Urogenital- und Afterbereich der Welpen, um das Pinkeln und Häufchenmachen anzuregen. Diesen Service erbringt sie etwa drei Wochen lang – dann können die Welpen hören, sehen, stehen und gehen (wenn auch noch sehr wacklig). An diesem Punkt ihrer Entwicklung brauchen die Welpen die Stimulation ihrer Mutter nicht mehr, um »zur Toilette gehen« zu können.

In der frühen, hilflosen Phase und auch noch einige Zeit später macht die Hündin um ihre Welpen herum sauber. Dazu gehört auch das Auflecken und Herunterschlucken von Urin und Fäkalien. Damit zeigt die Mutter ein wichtiges Verhalten, das über die Evolution der Wildkaniden weitergegeben wurde. In der freien Wildbahn ist es wichtig, dass der Bau unauffällig ist. Würde er nach den Ausscheidungen seiner Bewohner riechen, könnte er schneller von Fressfeinden entdeckt werden. Die Hündin macht also sauber, weil ihre Instinkte in Bezug auf den Bau immer noch stark sind und wird die Welpen dann so schnell wie möglich »instruieren«, sich außerhalb des Baus zu lösen.

Der gleiche »Sauberer-Bau-Instinkt« macht es auch möglich, Hunde zur Stubenreinheit zu erziehen. Sobald ein Hund das gesamte Haus, in dem er lebt, als seinen Bau zu betrachten beginnt, wird er stark dazu neigen, sein Geschäft draußen, abseits des Wohnbereichs zu erledigen. Das ist auch der Grund dafür, warum man Rinder, Pferde oder Affen nicht zur Stubenreinheit erziehen kann: Sie haben keine Instinkte in Bezug auf einen sauberen Bau.

Auch wenn wir mit unseren menschlichen Empfindlichkeiten die Vorstellung des Aufessens von Urin und Kot abstoßend finden, sind die Ausscheidungsprodukte der Welpen gar nicht so ekelerregend. Das Abfallmaterial ist einfach nur das, was nach der Verdauung der Muttermilch übrigbleibt. Und da Muttermilch ein sehr effizientes Nahrungsmittel ohne viel unverdauliches Material ist, haben Urin und Kot von Welpen nur wenig Geruch und offensichtlich auch wenig Geschmack (oder zumindest nichts, was für die Mutter schlecht schmeckt). Eben diese Ernährung mit Muttermilch und die Wirkung der Enzyme, die sie aufbrechen, verschaffen den Welpen auch einen ganz speziellen, angenehm süß riechenden Atem, den manche als »Milch und Honig« beschreiben.

Dieses Süße und Harmlose beginnt sich aber zu verändern, sobald die Welpen mehr festere Nahrung zu sich nehmen. Offensichtlich enthalten die Ausscheidungsprodukte dieser neuen Ernährung Bestandteile, die den Welpenkot sehr viel weniger schmackhaft werden lassen und auch eher zu dem typischen Geruch von Hundeatem führen, den wir von erwachsenen Hunden kennen. Mit dieser Geschmacksveränderung zeigt die Mutterhündin weniger Neigung, hinter ihren Jungen her zu putzen. Diese Entwicklungen haben mehrere Auswirkungen: Einer davon ist, dass die Hündin die Welpen jeden Tag etwas länger aus dem Bau herausschickt und damit auch die Chance erhöht, dass sie sich daran gewöhnen, ihr Geschäft in größerer Entfernung zum Schlafplatz zu verrichten. Außerdem verbringt die Hündin auch selbst weniger Zeit im Bau, ist also nicht mehr so stark wie früher zum Säugen verfügbar. Je weniger sie säugt, desto stärker geht auch ihre Milchbildung zurück. All das ist Teil des Entwöhnungsprozesses, der letzten Endes dazu führt, dass die Welpen selbst fressen und einen selbständigeren Lebensstil annehmen.

Hunde wachsen schneller als Menschen und leben nicht so lange. Viele rechnen das Alter ihres Hundes gerne in die entsprechenden Menschenjahre um, damit sie eine Vorstellung davon bekommen, wo auf seinem Lebensweg er gerade steht. Vielleicht haben Sie auch schon einmal gehört, dass ein Hundejahr etwa sieben Menschenjahren entsprechen soll. Das stimmt aber nicht ganz. Diese Schätzung entstand zu einer Zeit, als das Durchschnittslebensalter von Menschen bei etwa 70 und das von Hunden etwa bei 10 Jahren lag. Man rechnete also allein auf Grundlage der Lebenserwartung, dass jedes Hundejahr etwa sieben Menschenjahren entspräche.

Der fatale Irrtum im System 1 Hundejahr = 7 Menschenjahre ist recht einfach. In ihrem ersten Jahr wachsen und verändern Welpen sich ziemlich schnell. Ihre körperliche und geistige Entwicklung findet in der Anfangsphase viel schneller statt als beim Menschen. Würde unsere Rechnung stimmen, müsste ein einjähriger Hund körperlich einem siebenjährigen Kind entsprechen. Mit einem Jahr ist ein Hund aber schon gut in der Lage, sich fortzupflanzen, weshalb viele Hunde bis zu ihrem ersten Geburtstag schon kastriert sind. Wie viele siebenjährige Jungen und Mädchen kennen Sie im Vergleich dazu, die schon ein Baby produzieren können? Betrachten wir am anderen Ende nun einmal einen Hund, der zwölf Jahre alt ist. Zwölf Jahre sind eine ziemlich lange Zeit für einen Hund, aber vielen von denen, die es so weit schaffen, geht es noch gut, sofern sie nicht anfällig für Arthritis sind. Würde jedes Hundejahr sieben Menschenjahren entsprechen, wäre ein zwölfjähriger Hund als Mensch 84 Jahre alt. Von ein paar Senior-Athleten abgesehen gibt es aber nicht sehr viele Menschen Mitte achtzig, die noch so beweglich sind wie ein mittelgroßer zwölfjähriger Hund. Lassen Sie uns also im Lichte der aktuellen Wissenschaft noch einmal neu rechnen.

Im Alter von einem Jahr hat ein Hund die gleichen körperlichen Fähigkeiten wie ein sechzehnjähriger Mensch. Mit zwei Jahren entspricht er etwa einem 24-jährigen Menschen. In den nächsten drei Jahren (bis Ihr Hund fünf ist) zählen an jedem Geburtstag etwa fünf Menschenjahre hinzu. Nach diesem fünften Geburtstag müssen wir aber noch eine andere Variable hinzufügen.

Hält man alle anderen Faktoren konstant, neigen größere Hunde zu einer geringeren Lebenserwartung als kleinere. Dieser Unterschied wird wichtig, wenn der Hund seinen fünften Geburtstag hinter sich hat. Ab dann rechnen Sie bei kleinen Hunden vier Menschenjahre für jedes Hundejahr hinzu, bei mittelgroßen Hunden fünf Jahre und bei großen sechs Jahre. Dies sind runde Zahlen, die widerspiegeln, wie sich der Körper Ihres Hundes im Vergleich zur Entwicklung beim Menschen verändert. Diese Rechnung mag zwar kompliziert klingen, ist im Grunde aber ganz einfach.

Nehmen wir einmal an, wir möchten das entsprechende Menschenalter für einen zwölf Jahre alten Zwergpudel bestimmen, den wir als kleinen Hund einstufen. Wir beginnen mit 24 Jahren für die ersten beiden Jahre des Hundes und zählen dann für die nächsten drei Jahre jeweils fünf hinzu. Das ergibt 39 Jahre im Menschenalter. Für jedes weitere der verbliebenen sieben Jahre rechnen wir nun vier Menschenjahre hinzu, macht weitere 28 Jahre. Zu den vorher errechneten 39 Jahren hinzuaddiert ergibt das ein Menschenalter von 67 Jahren, also einen jüngeren Senior. Hätten wir es mit einem mittelgroßen Hund zu tun, würden wir für jedes Lebensjahr nach dem fünften Geburtstag fünf Menschenjahre hinzuzählen, was zu 35 zusätzlichen Jahren zu den vorher errechneten 39 führen würde, also insgesamt 74. 74 Jahre sind im Moment die durchschnittliche Lebenserwartung eines Menschen, und zwölf Jahre sind die durchschnittliche Lebenserwartung für mittelgroße Hunde. Bei den größten Rassen müssten wir sechs Menschenjahre für jedes Lebensjahr ab dem fünften Geburtstag addieren, was den Hund zum 81-Jährigen machen würde – was nach den meisten Standards ziemlich alt ist.

Diese Rechnung funktioniert zwar in den meisten Fällen recht gut, aber die tatsächliche Alterung eines Hundes hängt immer auch von seiner Rasse ab, wie gut er gepflegt wird und von einigen weiteren Faktoren.

Können alte Hunde Alzheimer bekommen?

Niemand weiß genau, warum Hunde oder Menschen mit dem Altern in ihren Fähigkeiten nachlassen. Eine Theorie ist, dass das Erbmaterial (DNA) jedes Mal, wenn es sich für eine neue Zelle selbst reproduziert, immer ungenauer werdende »Abschriften« hinterlässt, so ähnlich wie Fotokopien von Fotokopien, die immer körniger und schlechter lesbar werden. Schäden an der DNA können auch durch die Einwirkung natürlich vorkommender Strahlung oder das Einatmen von Schmutzpartikeln oder Lösungsmitteldämpfen entstehen, die wiederum zu fehlerhafter Enzymproduktion führen können. Enzymdefekte führen oft zum Zelltod im Nervensystem und anderswo. Andere Alterungstheorien sprechen von einfacher Abnutzung und gehen davon aus, dass verschiedene Körper- und Nervensysteme durch häufige Nutzung kaputtgehen, und zwar umso schneller, wenn sie Stress ausgesetzt sind. Wieder andere sind der Meinung, Alterung sei das Ergebnis der Anhäufung von Stoffwechselabfallprodukten in den Zellen oder eines Anstiegs instabiler Stoffe (freier Radikale), die mit den Molekülen in den Zellen interagieren und ihre Funktion beeinträchtigen.

Egal, was der Grund für das Altern ist: Gehirn und Nervensystem von Hunden (und Menschen) verändern sich erheblich mit dem Älterwerden. Alte Hunde haben kleinere und leichtere Gehirne als junge. Die Veränderung ist dabei ziemlich deutlich: Das ältere Gehirn kann bis zu 25 Prozent leichter sein. Dabei ist wichtig zu wissen, dass diese Veränderung nicht unbedingt durch absterbende Gehirnzellen bedingt ist. Wir verlieren vielmehr hauptsächlich Teile der Nervenzellen, vor allem die Verbindungen zu anderen Nervenzellen (Dendriten und Axonfäden). Diese Nervenverbindungen beginnen mit dem Alter zu zerfallen. Wenn wir uns das Gehirn als einen komplex verkabelten Computer vorstellen, wäre es so, als ob verschiedene Anschlüsse im Hauptprozessor die Funktion einstellen würden, weil die Kabel kaputt sind. Es ist hauptsächlich dieser Verlust an Verbindungen, der Größe und Gewicht des Gehirns verringert. Mit dem Alter beeinflussen chemische Veränderungen im Gehirn Verhalten, Gedächtnis und Lernen. Bei Hunden und Menschen sind die Mitochondrien, kleine fadenartige Strukturen in den Zellkernen, für die Umwandlung von Nährstoffen in Energie zuständig. Mit dem Altern nimmt die Effizienz der Mitochondrien bei Hunden und Menschen ab. Sie beginnen sich zu verhalten, als ob sie undicht geworden wären und »freie Radikale« freizusetzen, Stoffe, die zur Oxidation von für die normale Zellfunktion wichtigen Bestandteilen führen. Ein Verlust dieser Bestandteile bringt die Zelle in Gefahr. Mit der Degeneration des Gewebes sammeln sich »Amyloide« genannte Proteindepots im Gehirn an. Hohes Vorhandensein von Amyloiden, besonders, wenn sie mit Klumpen toter und sterbender Nervenzellen einhergehen, werden als einer der Hinweise darauf betrachtet, dass das Individuum unter dem Alzheimer-Syndrom leidet. An der Universität Toronto von einem Forschungsteam um den Psychologen Norton Milgram durchgeführte Studien ergaben, dass Hunde mit hohem Amyloidvorkommen im Gehirn ein schlechteres Gedächtnis und Schwierigkeiten beim Lernen neuer Dinge haben, besonders, wenn das Lernen komplexeres Denken und Problemlösung umfasst. Die Entsprechung zur Alzheimer-Krankheit nennt man bei Hunden Kanines Kognitives Dysfunktionssyndrom.

Bei Autopsien nachgewiesene körperliche Beweise für dieses Syndrom ergaben die gleiche Art von degenerativen Hirnschäden, die bei Menschen mit Alzheimer auftreten. Mit dem Alter sammeln sich bei Hunden genau wie bei Menschen ganz natürlich Depots von Beta-Amyloid an. Diese stärkeähnlichen Proteine sammeln sich an, werden zäh und bilden einen Belag. Mit dem Dickerwerden verstopft der Belag das Gehirn und verhindert die Übermittlung von Signalen. Sowohl bei der Alzheimer-Erkrankung als auch beim kaninen kognitiven Dysfunktionssyndrom sagt die Dicke dieses Belags etwas über die Schwere der geistigen oder kognitiven Behinderung aus.

Es gibt aber beim kaninen kognitiven Dysfunktionssyndrom noch ein paar auffällige Besonderheiten, die nicht wie beim Alzheimer Teil des normalen Alterungsprozesses sind. Die Hauptsymptome dafür sind Orientierungslosigkeit, Veränderungen in der Interaktion und im Schlafverhalten sowie Verlust der Stubenreinheit.

Anzeichen für Orientierungslosigkeit können sein:

- Manche Hunde führen zuvor gut beherrschte Kommandos nicht mehr aus.
- Manche Hunde reagieren sogar nicht einmal mehr auf ihren Namen.
- Manche Hunde erinnern sich nicht mehr an alltägliche Abläufe.
- Manche Hunde starren leer in den Raum oder an Wände.
- Manche Hunde laufen im Haus ziellos umher. Draußen können sie sich vom Hof entfernen und verirren.
- Manche Hunde laufen ziellos immer die gleichen Muster wie z.B. um einen Tisch herum oder von einem Zimmer ins andere.
- Manche Hunde machen auch in vertrauter Umgebung einen verlorenen oder verwirrten Eindruck. Sie können in Ecken, unter oder hinter Möbeln »stecken bleiben« und haben Probleme, wieder herauszufinden.
- Manchmal regen sich Hunde, die zuvor ein ausgeglichenes Temperament hat-

ten, schnell auf und bellen viel ohne ersichtlichen Grund.

Anzeichen für verändertes Interaktionsverhalten können sein:

- Bei vielen Hunden ist das erste, was auffällt, dass sie sich nichts mehr daraus machen, gestreichelt zu werden oder sogar weggehen, wenn man ihnen gegenüber Zuneigung zeigt.
- Zuvor immer gesellige und anhängliche Hunde versuchen nicht mehr, Ihre Aufmerksamkeit zu bekommen.
- Manche Hunde begrüßen keine Besucher oder sogar keine Familienmitglieder mehr.

Typische Veränderungen im Schlafverhalten sind:

- Manche Hunde schlafen tagsüber mehr.
- Manche Hunde schlafen nachts weniger und wandern stattdessen im Dunkeln umher.

Manchmal vergisst der Hund offensichtlich seine Stubenreinheit:

- Manche Hunde zeigen nicht mehr an, wann sie hinaus müssen.
- Manche Hunde machen ins Haus, manchmal sogar kurze Zeit, nachdem sie gerade erst draußen waren.
- Manche Hunde scheinen zu vergessen, warum sie draußen sind. Sie laufen ziellos umher und vergessen, sich zu lösen.

Je mehr dieser Symptome der Hund zeigt, desto wahrscheinlicher ist es, dass er unter dem kaninen kognitiven Dysfunktionssyndrom leidet, dem Hunde-Äquivalent der Alzheimer-Erkrankung.

Was Sie sonst noch über Ihren Hund wissen sollten

Sind Hunde einfach nur zahme Wölfe?

Viele Menschen glauben, dass Hunde einfach nur domestizierte Wölfe seien. Dieser Glaube wird noch durch die Tatsache aufrecht erhalten, dass manche Hunde Wölfen so ähnlich sehen, dass es nur einem geübten Wissenschaftler möglich ist, die beiden voneinander zu unterscheiden. Beispiele dafür sind der Deutsche Schäferhund und der Timberwolf oder der Siberian Husky und der arktische Wolf. Natürlich wird dieses Argument andererseits durch die Tatsache geschwächt, dass manche Hunde (wie Dackel oder Bernhardiner) überhaupt nicht aussehen wie ein Wolf. Wie bestimmen Wissenschaftler also, ob Hunde von Wölfen abstammen?

Zur Beantwortung dieser Fragen stehen verschiedene wissenschaftliche Verfahren zur Verfügung. Eine ist, das genetische Material unter die Lupe zu nehmen, nämlich die DNA von Hunden und Wölfen. Wenn wir das tun, finden wir heraus, dass es zwischen beiden eine fast 99%ige Überschneidung gibt. Tatsächlich kann die DNA verschiedener Hunderassen manchmal unterschiedlicher sein als die einer alten Hunderasse und die eines Wolfes.

Bevor diese genetischen Gemeinsamkeiten uns zu der Schlussfolgerung verleiten, dass es sich bei Hunden und Wölfen um die gleiche Spezies handeln müsste, die sich nur darin unterscheiden, dass Hunde zum Zusammenleben mit dem Menschen domestiziert und gezähmt wurden, müssen wir auch noch ein paar andere Fakten betrachten. Zunächst einmal gehören sowohl Hunde als auch Wölfe zur phylogenetischen Gruppe der Carnivoren oder Fleischfresser. Dazu gehören auch viele andere Kanidenarten wie Schakale, Kojoten, Dingos, Wildhunde und Füchse. Lassen wir die Füchse im Moment einmal außen vor, weil die häufigsten Füchse (wie der Rotfuchs) die falsche Chromosomenanzahl haben, um zur Abstammungslinie der Hunde gehören zu können, auch wenn manche Varietäten wie der weiße arktische Fuchs oder der Schwarzfuchs noch mögliche Kandidaten wären. Wenn wir uns die DNA all dieser anderen Wildkanidenarten anschauen und jede davon mit der DNA von Haushunden vergleichen, finden wir heraus, dass sie den gleichen Überlappungsbereich mit Hunden zeigen. Anders gesagt: Die DNA eines Schakals oder Dingos ähnelt der DNA eines Hundes genauso viel wie es die eines Wolfes tut.

Wenn wir also aus der DNA keine Schlüsse ziehen können, können wir vielleicht eine andere Technik verwenden. Es gibt noch eine alternative Möglichkeit, um festzustellen, ob zwei Tiere zur gleichen Spezies gehören, die lange Zeit als gültig erachtet wurde. Sie besteht einfach darin, zu überprüfen, ob die beiden miteinander fortpflanzungsfähig sind. Wenn die beiden Testtiere sich miteinander paaren und lebende, fortpflanzungsfähige Nachkommen hervorbringen können, wird dies meist als Beweis dafür akzeptiert, dass beide der gleichen Art angehören. Die Tatsache, dass Hunde und Wölfe sich miteinander paaren können, ist weithin bekannt. Manche Menschen produzieren sogar bewusst Wolf-Hund-Hybriden zum Verkauf als exotische Haustiere. Wissenschaftler haben aber außerdem nachgewiesen, dass Haushunde sich auch mit Schakalen, Kojoten, Dingos, afrikanischen Wildhunden oder dem arktischen Fuchs und dem Schwarzfuchs paaren.

Die Physiologie ist jedoch nicht alles. Wir wissen zum Beispiel, dass Hunde und Wölfe sich unterschiedlich verhalten. Um nur ein paar Unterschiede zu nennen: Wölfe sind aktive und geschickte Jäger, während viele Hunderassen dieses Talent verloren haben. Wölfe laufen auch öfter im Passgang, Hunde traben eher. Hunde binden sich leicht an Menschen, Wölfe nicht. Hunde können dazu trainiert werden, zuverlässig auf Kommandos von Menschen zu reagieren, während das bei Wölfen (bis auf seltene Ausnahmen) nicht möglich ist. In einem Wolfsrudel heben nur die dominantesten Tiere (meistens als »Alphas« bezeichnet) ihr Bein zum Urinieren. Sogar die Alphawölfin tut dies – wenn auch nicht immer –, während die anderen Rudelmitglieder sich hinhocken.

Was können wir also aus solchen Daten schließen? Vielleicht ist es besser, die Frage umzuformulieren, um leichter eine Antwort finden zu können. Fragen wir einmal so: Welche Spezies sind die Vorfahren des Hundes? Es erscheint sehr wahrscheinlich, dass der erste Kanide, der domestiziert wurde und damit zum Hund wurde, ein Grauwolf war. Die genetischen Daten legen aber die einfachste und vielleicht konservativste Schlussfolgerung nahe, dass Hunde eine genetische Mischung vieler noch existierender und vielleicht einiger inzwischen schon ausgestorbener Wildkanidenarten sein könnten. Wenn das der Fall wäre, würde es vielleicht erklären, warum wir bei Haushunden genug genetische Variabilität haben, um so verschiedene Rassen wie Pekingesen und Deutsche Doggen entstehen zu lassen.

Gibt es mehr Wölfe als Hunde?

Der Planet Erde wird heute vom Menschen dominiert. Damit eine Tierart überleben kann, muss sie sich nicht nur erfolgreich fortpflanzen, sondern sich auch mit den Menschen arrangieren oder sich sogar in deren Schutz begeben. Vor diesem Hintergrund müsste die Antwort auf die Frage, ob es mehr Wölfe als Hunde gibt, eigentlich auf der Hand liegen.

Es ist schwer vorstellbar, dass Wölfe, vom Menschen abgesehen, einmal die am weitesten über die Erde verbreitete Säugetierart waren. Man fand sie in den extremsten Umgebungen, von der Hitze der Wüste bis zur gefrorenen arktischen Tundra. Sie kamen zahlreich auf Prärien und Grasland vor, genauso wie in Wäldern und Dschungeln. Da Wölfe und Menschen aber um die gleiche Nahrung konkurrierten, nämlich Fleisch, und die Wölfe das Nutzvieh der Menschen als leichte Beute betrachteten, gingen die Menschen gegen die Wölfe vor und reduzierten deren Population über die letzten 500 Jahre massiv. Auf den Britischen Inseln gibt es seit über vierhundert Jahren keine Wölfe mehr und in vielen Teilen Westeuropas ebenfalls seit mehreren hundert Jahren nicht. In dem Moment, in dem ich dieses Buch schreibe, beträgt die Wolfspopulation von Frankreich, Deutschland und Italien zusammengenommen geschätzt unter 500 Tieren.

Zusätzlich zu dem von den Menschen auferlegten Überlebensdruck trug auch das typische Fortpflanzungsverhalten der Wölfe dazu bei, die Zahlen gering zu halten. In einem Wolfsrudel pflanzen sich nur die Rudelführer, der Alphawolf und die Alphawölfin, fort. Wölfinnen kommen nur einmal pro Jahr in die Hitze und haben ihren ersten Wurf selten vor einem Alter von zwei oder drei Jahren. Die durchschnittliche Wurfgröße beträgt vier bis sechs Welpen. Die Sterblichkeitsrate unter Wolfswelpen beträgt typischerweise etwa 50%, was bedeutet, dass sich ein durchschnittliches Rudel nur um zwei bis drei Tiere pro Jahr vergrößert, was nur ein wenig besser ist als die nötige Minimalrate, um die jährlich sterbenden Rudelmitglieder zu ersetzen.

Das Ergebnis ist also unvermeidlich. Selbst wenn wir alle Wolfsarten aus allen Ländern der Welt zusammenzählen, kommen wir auf etwa 400.000 Tiere – gegenüber 525 Millionen Hunden. Oder anders gesagt – auf jeden heute lebenden Wolf kommen über 1300 Hunde!

Wie viele Hunde gibt es auf der Welt?

Die genaue Zahl der auf der Welt lebenden Hunde herauszufinden ist leichter gesagt als getan, weil die Hunde in vielen Ländern nicht als Haustiere im Haus gehalten werden. Mancherorts streunen sie einfach durch die Straßen und gehören niemandem, was es schwierig und ungenau macht, sie zu zählen. Der letzte Vorstoß, zumindest herauszufinden, wie viele im Haus gehaltene Hunde es gibt, stammte aus der Marktforschung der Hundefutterindustrie. Es handelt sich dabei um eine große Industrie: allein in den USA geben die Verbraucher jedes Jahr über 40 Milliarden Dollar nur für Hundefutter aus. Um herauszufinden, ob sich Investitionen in diese Industrie in den verschiedenen Erdteilen lohnen, wurden mehrere Recherchenteams beschäftigt, um eine Art Volkszählung von Haushunden in den Zielländern durchzuführen. Die Ergebnisse, zu denen sie kamen, sind interessant, wenn auch unvollständig.

Im Moment, in dem dieses Buch geschrieben wird, besitzen etwa 42,5 Millionen Haushalte in den USA einen oder zwei Hunde und die Gesamtpopulation übersteigt die 73 Millionen. Der nördliche Nachbar Kanada hat etwa sechs Millionen Haushunde.

In Westeuropa gibt es etwa 43 Millionen Haushunde. Die größte Hundepopulation hat dabei Frankreich mit 8,8 Millionen, gefolgt von Italien und Polen mit je etwa 7,5 Millionen und Großbritannien mit 6,8 Millionen. In Osteuropa hat Russland etwa 12 Millionen Haushunde und die Ukraine 5,1 Millionen (Die Zahl der Hunde in Deutschland wird auf rund 5 Millionen geschätzt, Anm. d. Übers.).

Die Daten aus Südamerika sind lückenhaft: Die einzigen, die ich finden konnte, sind die von Brasilien (30 Millionen), Argentinien (6,5 Millionen) und Kolumbien (5 Millionen). In dieser Region gibt es außerdem noch viele unregistrierte und ungezählte Hunde, besonders außerhalb der größeren Metropolen. Das gleiche gilt für Australien mit 4 Millionen registrierten Haushunden und vermutlich noch einmal halb so vielen Streunern, die in den dünner besiedelten Gegenden des Kontinents halbwild leben.

Die Zahlen aus Asien sind nicht besonders verlässlich. In China muss der Besitz eines Hundes nicht gemeldet werden, aber die Zahl der Haushunde wurde auf rund 110 Millionen geschätzt. Selbst in den großen Städten, in denen es Meldepflichten gibt, weigern sich viele Besitzer, ihre Hunde registrieren zu lassen. Schätzungen zufolge beträgt die Zahl der Hunde allein in der Hauptstadt Peking über eine Million. Ein ähnliches Problem gibt es in Indien, wo viele Hunde besitzerlos umherstreunen und deshalb nicht gezählt werden können. Die beste Schätzung geht hier von 32 Millionen im Haus gehaltenen Hunden und bis zu 20 Millionen Streunern aus. Die Japaner dagegen scheinen bei der Anmeldung ihrer Hunde recht gewissenhaft zu sein und die Zahl der registrierten Hunde liegt bei 9,5 Millionen.

Am schwierigsten sind vermutlich Statistiken zur Hundehaltung aus Afrika zu bekommen. Während Südafrika von rund 9 Millionen Haushunden innerhalb seiner Grenzen berichtet, sind die Informationen aus dem Rest des Kontinents spärlich. Die Weltgesundheitsorganisation WHO versucht, die Zahl der Hunde wegen der Übertragung von Tollwut auf den Menschen im Auge zu behalten und schätzt, dass in Afrika rund 78 Millionen Hunde gehalten werden, dass es aber außerdem bis zu 70 Millionen Streuner geben kann.

Wenn wir all diese Schätzungen grob zusammenrechnen, können wir davon ausgehen, dass mindestens 525 Millionen Hunde auf unserem Planeten leben. Das entspricht der gesamten menschlichen Bevölkerung von USA, Kanada, Großbritannien, Deutschland, Italien und Frankreich zusammengenommen!

Warum gibt es so viele Hunde auf der Welt?

Als Charles Darwin vom Überleben des »Stärkeren« (engl.: »Survival of the Fittest«) sprach, meinte er damit nicht die größten und körperlich stärksten Tiere. Vielmehr dachte er dabei an diejenigen Spezies, die am erfolgreichsten darin sind, sich fortzupflanzen und ihre Nachkommen so weit durchzubringen, dass diese sich wiederum weiter fortpflanzen können. Er hätte Ihnen gesagt, dass der Erfolg einer Art daran gemessen werden kann, wie viele Individuen leben und sich fortpflanzen. Um diesen Erfolg erzielen zu können, müssen die Individuen in ihre jeweilige Umgebung »passen«.

Die Umgebung, in der Hunde leben, ist die gleiche, in der wir Menschen leben. Hunde haben als Spezies also in dem Sinne Erfolg, als dass sie in unsere Nische passen. Es sieht so aus, als ob Hunde diese Aufgabe sehr gut erfüllt hätten. Sie passen so gut in unser Leben, dass wir sie füttern, für sie sorgen und uns um ihre Gesundheit kümmern, sodass sie lange leben und viele von ihnen die Gelegenheit zur Fortpflanzung haben. Außerdem haben Hunde keine natürlichen Feinde (auch wenn Autos und LKWs in den Gegenden, wo Hunde frei herumlaufen, ersatzweise die gleiche Funktion erfüllen).

Wenn also Fortpflanzung das Maß des Erfolgs ist, ist die Feststellung interessant, dass wir das Fortpflanzungsverhalten der Hunde als Nebenprodukt zur Domestikation erheblich verändert haben. Unter Wildcaniden wie zum Beispiel Wölfen werden die weiblichen Tiere nur einmal pro Jahr heiß, sprich fruchtbar. Von einigen primitiveren Rassen wie etwa dem Basenji abgesehen, werden Hunde zwei Mal pro Jahr heiß und können damit doppelt so viele Nachkommen produzieren wie ihre wilden Verwandten.

Nun wird klarer, warum die Hundepopulation so groß ist. Beginnen wir mit der Tatsache, dass eine Hündin ihren ersten Wurf Welpen haben kann, wenn sie fünf bis achtzehn Monate alt ist (je nach Rasse). Bis die Welpen kommen, dauert es 58 bis 65 Tage. Die Zahl der Welpen pro Wurf variiert je nach Rasse und Größe des Hundes, aber der Durchschnitt liegt zwischen sechs und zehn Welpen. Die meisten Hündinnen können zwei Würfe pro Jahr haben. Wenn die Hälfte dieser Welpen Hündinnen sind, können sie auch wieder Welpen haben, wenn sie fünf bis achtzehn Monate alt sind. Wenn Sie nachrechnen, werden Sie feststellen, dass eine Hündin und ihre Nachkommen potenziell 4372 Welpen in sieben

Jahren produzieren könnten! Für Rüden gilt die Beschränkung von zwei Würfen pro Jahr natürlich nicht, weil sie jederzeit Vater werden können, sobald eine heiße Hündin verfügbar ist.

Der Nachteil von alledem ist, dass Hunde eigentlich zu erfolgreich sind und an manchen Orten unter der Überpopulation leiden. Die meisten Menschen scheinen die Tragweite des Überbevölkerungsproblems aber nicht zu verstehen. In den USA werden zum Beispiel jedes Jahr zwischen vier und sechs Millionen Hunden nur deshalb eingeschläfert, weil sie keine Besitzer finden und im Tierheim kein Platz ist. So sind die Menschen zu den Trägern der natürlichen Selektion geworden und halten die Größe der Hundepopulation in Schach.

Was sind Windhunde und Laufhunde?

Windhunde gehören zu der Gruppe der ältesten Hunde, die wir kennen. Das Wort »Windhund« sagt uns schon einiges über die Funktion dieses Hundetyps aus. Sie wurden gezüchtet, um im schnellen Lauf eine Beute zu jagen. Dazu nutzen sie hauptsächlich ihre Augen, weniger den Geruchssinn. Wie lange es diese Hunde schon gibt, wird daraus deutlich, dass Abbildungen von Windhunden bei der Jagd schon an den Wänden der Pyramiden und Tempel im alten Ägypten und in Assyrien erschienen.

Die im Gegensatz zu den Windhunden als »Laufhunde« bezeichneten Rassen dienen ebenfalls zur Jagd und zum Aufspüren und Verfolgen von Beute im schnellen Lauf, sie nutzen jedoch dazu hauptsächlich ihre Nase und nicht ihre Augen.

Windhunde sind also sehr spezialisierte Tiere, die auf hervorragenden Sehsinn sowie die nötige Geschwindigkeit und Ausdauer gezüchtet wurden, um ihre Beute hetzen und fangen zu können, sobald sie sie erspäht haben. Windhunde sind die schnellsten Hunde überhaupt. Zu ihnen zählen zum Beispiel Greyhounds, Salukis oder Afghanen, alles alte Rassen aus Nordafrika oder dem Mittleren Osten, wo sie zum Jagen der flinken Antilopen und Gazellen eingesetzt wurden.

Laufhunde sind darauf spezialisiert, dem Geruch oder der Fährte ihrer Beute zu folgen, indem sie ihre empfindlichen Nasen gebrauchen. Geschwindigkeit und scharfer Blick sind für diese Hunde weniger wichtig. Zwar haben alle Hunde einen guten Geruchssinn, aber manche Laufhunderassen wurden so gezüchtet, dass er ganz besonders erstaunlich entwickelt ist. Der Bloodhound hat den schärfsten Geruchssinn aller Laufhunde oder aller Hunderassen überhaupt. Und der kleine Beagle, der ebenfalls zur Gruppe der Laufhunde zählt, hat eine viel empfindlichere Nase als viele größere Rassen, die größere Geruchsorgane haben sollten. Dies ist einer der Gründe dafür, warum der Beagle bevorzugt eingesetzt wird, um unerlaubt eingeführte Lebensmittel oder landwirtschaftliche Erzeugnisse an Flughäfen zu erschnüffeln oder sogar Dinge wie Bettwanzen, Termiten oder giftige Schimmelpilze in Wohnungen und Gebäuden zu finden.

Weil sowohl Wind- als auch Laufhunde lange vor der Zeit der Feuerwaffen oder sogar von Pfeil und Bogen entstanden, wurden sie zum größtenteils selbständigen Jagen ohne viel menschliche Führung gezüchtet. Wenn es sich um kleine Beutetiere handelte, musste der Jäger einfach den Hunden hinterherlaufen und die von ihnen getötete Beute einsammeln, bevor sie sie fraßen. Waren die Beutetiere groß, wurde von den Hunden erwartet, sie so lange zu stellen, bis die Jäger mit ihren Speeren, Keulen oder Äxten da waren, um sie zu töten. Sowohl Wind- als auch Laufhunde haben deshalb ein ziemlich unabhängiges Wesen. Viele von ihnen sind zwar von ruhigem und freundlichem Charakter, aber sie achten nicht sehr stark auf Menschen. Weil ihnen diese Aufmerksamkeit und Konzentration gegenüber Menschen fehlt, wie sie zum Beispiel Retriever oder Hütehunderassen haben, überrascht es nicht, dass sie zu den am schwierigsten zu trainierenden Hunden gehören. In einer Studie, die Hunderassen nach ihrer Arbeits- und Gehorsamsintelligenz ordnete, sind sechs der ganz am Ende der Liste aufgeführten Rassen Wind- und Laufhunde. Das bedeutet nicht etwa, dass sie dumm sind, sondern dass sie speziell dazu gezüchtet wurden, alleine zu arbeiten und wenig Führung von ihren Menschen zu brauchen.

Welches sind die schwersten, leichtesten, größten und kleinsten Hunde?

Wenn außerirdische Biologen auf der Erde landen und die Lebewesen zu klassifizieren beginnen würden, bezweifle ich, dass sie Neufundländer, Dackel und Chihuahuas als die gleiche Spezies betrachten würden. Die Varianz in Formen und Größen ist bei Hunden unglaublich groß. Wahrscheinlich zeigen Hunde sogar die höchste Größenvarianz unter allen Säugetierarten. So war zum Beispiel der in letzten 150 Jahren nachgewiesenermaßen längste und schwerste Hund ein Tibet Mastiff namens Chloe. Diese Hündin wog 165 Kilo und maß von der Nase bis zur Schwanzspitze 2,60 Meter. Stellen Sie dieses Tier einmal einem Yorkshire Terrier namens Sylvia gegenüber, der Herrn Arthur Maples aus dem englischen Blackburn gehört. Man nimmt an, dass Sylvia der kleinste jemals schriftlich belegte Hund ist. Sie wurde nur zwei Jahre alt und hatte bei ihrem Tod 6,5 Zentimeter Schulterhöhe. Von Nase bis Schwanzwurzel maß sie 9,5 Zentimeter, das entspricht etwa der Größe eines Päckchens Zigaretten. Sylvia wog etwas weniger als 110 Gramm, etwa so viel wie ein Hamburger – ohne Brötchen!

Die heute existierende schwerste Hunderasse ist (vom Durchschnittsgewicht der Rüden ausgehend) der englische Mastiff, der etwa 80-100 Kilo wiegt. Dabei sind englische Mastiffs noch eine Kleinausgabe der antiken Molosser-Kriegshunde, die bis zu 120 Kilo schwer werden konnten.

Die im Durchschnitt größten Hunde sind die Irish Wolfhounds mit etwa 84 cm Schulterhöhe. Der schriftlich belegt größte Hund war jedoch eine Deutsche Dogge namens Gibson: Er maß 107 Zentimeter an der Schulter und war fast 2,10 Meter groß, wenn er auf seinen Hinterbeinen stand.

Der im Schnitt kleinste und leichteste Hund ist der Chihuahua mit 20 Zentimetern Schulterhöhe und 2,7 Kilo Gewicht. Viele Yorkshire Terrier liegen im gleichen Größen- und Gewichtsbereich, manche sind aber auch erheblich größer, was die Durchschnittswerte für die Rasse anhebt.

Wissenschaftler haben herauszufinden versucht, warum die Größe unserer Haushunde so sehr variiert. In einer aktuellen Studie wurde dazu die DNA von Portugiesischen Wasserhunden untersucht. Diese Rasse wurde deshalb gewählt, weil es in ihr eine sehr hohe Größenvarianz gibt: Die Schulterhöhe liegt zwischen 41 und 50 cm. Was sie entdeckten, war, dass die Größe eines Hundes von Variationen in einem einzigen Gen bestimmt wird. Dieses Gen kodiert das Hormon IGF1 (Insulin-like Growth Factor 1). Die Größe eines einzelnen Portugiesischen Wasserhunds wurde davon bestimmt, welche Variante des IGF1-Gens der Hund besaß. Anschließend weiteten die Wissenschaftler ihre Studie auf die DNA von 3200 Hunden aus. Diese neuen genetischen Proben stammten überraschenderweise aus der Datenbank des für seine Schokoriegel bekannten Unternehmenskonzerns Mars. Mars stellt auch Hundefutter her und hat die weltweit größte Datenbank für Hunde-DNA aufgebaut und gepflegt. Diese zweite Analyse bestätigte, dass der Größenunterschied zwischen Hunden verschiedener Rassen von Variationen des gleichen Gens bestimmt wird.

Wie viele Hunderassen gibt es?

Die Welthundeorganisation ist besser bekannt unter ihrem französischen Namen Fédération Cynologique Internationale oder abgekürzt FCI. Sie ist das größte international anerkannte Register für Hunderassen. Aktuell erkennt die FCI 339 Rassen an, die nach Verwendungszweck, Aussehen oder Größe der Hunde in zehn Gruppen sortiert sind. Diese sind:

1. Hütehunde und Treibhunde (ohne Schweizer Sennenhunde). Diese Gruppe umfasst auch alle als Schäferhunde bezeichneten Rassen.

2. Pinscher und Schnauzer, Molossoide, Schweizer Sennenhunde und andere Rassen. (Die Molosser-Rassen umfassen zum Beispiel alle Mastiffs).

3. Terrier

4. Dachshunde

5. Spitze und Hunde vom Urtyp

6. Laufhunde, Schweißhunde und verwandte Rassen

7. Vorstehhunde

8. Apportierhunde-Stöberhunde-Wasserhunde

9. Gesellschafts- und Begleithunde

10. Windhunde

Jede Gruppe ist nochmals in Untergruppen von Rassen unterteilt, denen jeweils ein Ursprungsland zugewiesen ist (siehe S. 178 ff). Das angegebene Land ist also nicht unbedingt das, in dem die jeweilige Rasse am häufigsten vorkommt, sondern in der Regel dasjenige, das die Rasse als erstes anerkannt und registriert hat sowie gegenwärtig Heimat desjenigen Zuchtverbandes ist, der den »Standard« der Rasse festlegt (der »Standard« ist die Beschreibung der idealen Merkmale für einen Hund der jeweiligen Rasse). Vermutlich stoßen Sie in der Liste auf einige Überraschungen, wie zum Beispiel die Tatsache, dass der Australian Shepherd in den USA entstand und nicht in Australien, während der Pharao Hound nicht aus Ägypten, sondern aus Malta stammt. Außerdem werden Sie feststellen, dass Frankreich, Deutschland und Großbritannien mehr Hunderassen geschaffen haben als der gesamte Rest der Welt zusammengenommen.

Von der FCI anerkannte Hunderassen

Afghanistan
Afghane (langhaariger Windhund)

Anatolien
Anatolischer Hirtenhund (Herdenschutzhund vom Molosser-Typ)

Argentinien
Dogo Argentino (Molosser)

Australien
Australian Cattle Dog (Treibhund)
Australian Kelpie (Hütehund)
Australian Silky Terrier (Zwergterrier)
Australian Stumpy Tail Cattle Dog (Treibhund, bisher nur vorläufig FCI-anerkannt)
Australian Terrier (Zwergterrier)

Belgien
Belgischer Schäferhund (4 Varietäten: Groenendael, Laekenois, Malinois, Tervueren)
Bloodhound
Griffon Belge (Gesellschaftshund)
Griffon Bruxellois (Gesellschaftshund)
Petit Brabançon (Gesellschaftshund)

Bosnien
Bosanski Ostrodlaki Gonic Barak (Rauhaariger Bosnischer Laufhund)

Brasilien
Fila Brasileiro (Molosser)

China
Chinese Crested (2 Varietäten: Chinesischer Nackthund, Chinesischer Schopfhund, beide: Gesellschaftshunde)
Chow Chow (asiatischer Spitz)
Pekingese (Gesellschaftshund)
Shar Pei (Molosser)

Dänemark
Broholmer (Molosser)
Old Danish Pointer (Vorstehhund)

Deutschland
Affenpinscher (Pinscher)
Bayerischer Gebirgsschweißhund (Schweißhund)
Boxer (Gebrauchshund)
Deutscher Jagdterrier (Terrier)
Dobermann (Pinscher)
Eurasier (asiatischer Spitz)
Deutsche Bracke (Schweißhund)
Deutsch Langhaar (Vorstehhund)
Deutscher Pinscher (Pinscher)
Deutscher Schäferhund (Schäferhund)
Deutsch Kurzhaar (Vorstehhund)
Deutscher Spaniel (Stöberhund)
Deutscher Spitz (3 Varietäten: Großspitz, Mittelspitz, Kleinspitz)
Deutsch Drahthaar (Vorstehhund)
Riesenschnauzer (Schnauzer)
Deutsche Dogge (Molosser)
Hannoverscher Schweißhund (Schweißhund)

Hovawart (Gebrauchshund)
Wolfsspitz (europäischer Spitz)
Kromfohrländer (Gesellschaftshund)
Landseer (Molosser. Europäisch-kontinentaler Typ)
Großer Münsterländer (Vorstehhund)
Leonberger (Molossoider)
Zwergdackel (3 Varietäten: Kurzhaar, Rauhaar, Langhaar)
Zwergschnauzer
Zwergspitz / Pomeranian (europäischer Spitz)
Pudelpointer (Vorstehhund)
Kaninchenteckel (3 Varietäten: Kurzhaar, Rauhaar, Langhaar)
Rottweiler (Molossoider)
Kleiner Münsterländer (Vorstehhund)
Dachshund/Dackel/Teckel (3 Varietäten: Kurzhaar, Rauhaar, Langhaar)
Riesenschnauzer, (Schnauzer)
Weimaraner (Vorstehhund)
Westfälische Dachsbracke (kleiner Schweißhund)

Finnland
Finnenbracke (mittelgroßer Laufhund)
Finnischer Lapphund (Nordischer Wachhund/Hütehund)
Finnenspitz (Nordischer Jagdhund)
Karelischer Bärenhund (Nordischer Jagdhund)
Lappländischer Rentierhund (Nordischer Wachhund/Hütehund)

Frankreich
Anglo-Français de Petite Vénerie (mittelgroßer Schweißhund)
Ariégeois (mittelgroßer Schweißhund)
Barbet (Wasserhund)
Basset Artésien Normand (kleiner Schweißhund)
Basset Bleu de Gascogne (kleiner Laufhund)
Basset Fauve de Bretagne (kleiner Laufhund)
Beagle-Harrier (mittelgroßer Laufhund)
Beauçeron (Schäferhund)
Berger de Picardie (Schäferhund)
Bichon Frisé (Gesellschaftshund)
Billy (Großer Schweißhund)
Bouvier des Ardennes (Treibhund)
Bouvier des Flandres (Treibhund)
Braque d`Auvergne (Vorstehhund)
Braque de l`Ariège (Vorstehhund)
Braque du Bourbonnais (Vorstehhund)
Braque Français, type Gascogne (Vorstehhund)
Braque Français, type Pyrénées (Vorstehhund)
Braque Saint-Germain (Vorstehhund)
Briard (Schäferhund)
Briquet Griffon Vendéen (mittelgroßer Schweißhund)
Brittany Spaniel (Vorstehhund vom Spaniel-Typ)
Chien d`Artois (mittelgroßer Laufhund)
Épagnuel Bleu de Picardie (Vorstehhund vom Spaniel-Typ)
Épagneul de Picardie (Vorstehhund vom Spaniel-Typ)
Épagneul Français (Vorstehhund vom Spaniel-Typ)
Épagneul Pont-Audemer (Vorstehhund vom Spaniel-Typ)
Français Blanc et Noir (großer Laufhund)
Français Tricolore (großer Laufhund)
Französische Bulldogge (Gesellschaftshund)
Gascon Saintongeois (mittelgroßer Schweißhund)
Grand Anglo-Français Blanc et Noir (großer Laufhund)

Grand Anglo-Français Tricolore (großer Laufhund)
Grand Basset Griffon Vendéen (kleiner Schweißhund)
Grand Bleu de Gascogne (großer Schweißhund)
Grand Gascon Saintongeois (großer Schweißhund)
Grand Griffon Vendéen (großer Laufhund)
Griffon Bleu de Gascogne (mittelgroßer Laufhund)
Griffon Fauve de Bretagne (mittelgroßer Laufhund)
Griffon Nivernais (mittelgroßer Laufhund)
Löwchen (Gesellschaftshund)
Papillon (Gesellschaftshund)
Petit Basset Griffon Vendéen (kleiner Schweißhund)
Petit Bleu de Gascogne (mittelgroßer Schweißhund)
Phalène (Gesellschaftshund)
Poitevin (großer Schweißhund)
Pudel (4 Varietäten: Standard-, Mittel-, Klein- und Toy Pudel, alle Gesellschaftshunde)
Porcelaine (mittelgroßer Schweißhund)
Pyrenäenberghund (Herdenschutzhund vom Molossertyp)
Pyrenäenschäferhund / Berger des Pyrénées (Hütehund)
Griffon d' Arret à poil dur – Korthals (griffonartiger Vorstehhund)

Griechenland
Griechischer Laufhund (mittelgroßer Laufhund)

Grönland
Grönlandhund (nordischer Schlittenhund)

Großbritannien
Airedale Terrier (großer Terrier)
Basset Hound (kleiner Schweißhund)
Beagle (kleiner Laufhund)
Bearded Collie (Hütehund)
Bedlington Terrier (großer Terrier)
Border Collie (Hütehund)
Border Terrier (kleiner/mittlerer Terrier)
Bull Terrier (2 Varietäten: Miniatur und Standard)
Bulldog (Molosser)
Bullmastiff (Molosser)
Cairn Terrier (kleiner Terrier)
Cardigan Welsh Corgi (Hütehund)
Cavalier King Charles Spaniel (Gesellschaftshund)
Clumber Spaniel (Stöberhund)
Curly Coated Retriever (Apportierhund)
Dandie Dinmont Terrier (kleiner Terrier)
Deerhound (rauhaariger Windhund)
English Cocker Spaniel (Stöberhund)
English Mastiff (Molosser)
English Pointer (Vorstehhund)
English Setter (Vorstehhund)
English Springer Spaniel (Stöberhund)
English Toy Terrier (Black and Tan Terrier)
Field Spaniel (Stöberhund)
Flat Coated Retriever (Apportierhund)
Foxterrier (2 Varietäten: Kurz- und Rauhaar)
Golden Retriever (Apportierhund)
Gordon Setter (Vorstehhund)
Greyhound (Windhund)
Harrier (mittelgroßer Laufhund)
King Charles Spaniel (Gesellschaftshund)
Labrador Retriever (Apportierhund)
Lakeland Terrier (großer Terrier)

Manchester Terrier (großer Terrier)
Norfolk Terrier (kleiner Terrier)
Norwich Terrier (kleiner Terrier)
Old English Sheepdog (Hütehund)
Otterhound (großer Laufhund)
Jack Russell Terrier (kleine Terrier)
Parson Russell Terrier (kleine Terrier)
Pembroke Welsh Corgi (Hütehund)
Mops (Gesellschaftshund)
Collie (2 Varietäten: Kurz- und Langhaar oder 2 verschiedene Rassen) (Hütehund)
Scottish Terrier (kleiner Terrier)
Sealyham Terrier (kleiner Terrier)
Shetland Sheepdog (Hütehund)
Skye Terrier (kleiner Terrier)
Staffordshire Bullterrier (bullartige Terrier)
Sussex Spaniel (Stöberhund)
Welsh Springer Spaniel (Stöberhund)
Welsh Terrier (mittelgroßer Terrier)
West Highland White Terrier (kleiner Terrier)
Whippet (Windhund)
Yorkshire Terrier (Terrier)

Iran

Saluki (Windhund)

Irland

Irish Glen of Imaal Terrier (mittelgroßer Terrier)
Irish Red and White Setter (Vorstehhund)
Irish Setter (Vorstehhund)
Irish Terrier (mittelgroßer Terrier)
Irish Water Spaniel (Wasserhund)
Irish Wolfhound (rauhaariger Windhund)
Kerry Blue Terrier (mittelgroßer Terrier)
Soft Coated Wheaten Terrier (mittelgroßer Terrier)

Island

Islandhund (Hütehund)

Israel

Canaan Hund (Hunde vom Urtyp)

Italien

Bergamasker (Hütehund)
Bologneser (Gesellschaftshund)
Bracco Italiano (Vorstehhund)
Cane Corso (Molosser)
Cirneco dell`Etna (Hunde vom Urtyp)
Italienisches Windspiel (Windhund)
Lagotto Romagnolo (Wasserhund)
Maremmano (Hütehund)
Mastino Napolitano (Molosser)
Segugio Italiano (mittelgroßer Schweißhund)
Spinone Italiano (Vorstehhund)
Volpini Italiano (Spitz)

Japan

Akita (Spitz)
American Akita (Spitz)
Hokkaido (Spitz)
Japan Chin (Gesellschaftshund)
Japanspitz (Spitz)
Japan Terrier (kleiner Terrier)
Kai (Spitz)
Kishu (Spitz)
Shiba Inu (Spitz)
Shikoku (Spitz)
Tosa Inu (Molosser)

Kanada

Neufundländer (Molosser)
Nova Scotia Duck Tolling Retriever (Retriever)

Korea
Korean Jindo (Spitz)

Kroatien
Hrvatski ovčar (Kroatischer Schäferhund)
Dalmatiner (Laufhund)
Istrianer Bracke (2 Varietäten: Rauhaar und Kurzhaar) (Laufhund)
Posavski Gonič / Savebracke (mittelgroßer Laufhund)

Madagaskar
Coton de Tuléar (Gesellschaftshund)

Mali
Azawakh (Windhund)

Malta
Pharao Hound (Hunde vom Urtyp)

Marokko
Aidi (Molosser)
Sloughi (Windhund)

Mexiko
Chihuahua (2 Varietäten: Kurz- und Langhaar, beide: Gesellschaftshunde)
Mexikanischer Nackthund (Hunde vom Urtyp)

Montenegro
Montenegrinischer Gebirgsschweißhund

Niederlande
Drentse Patrijshond (Vorstehhund)
Schapendoes (Hütehund)
Holländischer Schäferhund (Hütehund)
Hollandse Smoushond (Begleithund)
Kooikerhondje (Stöberhund)
Saarlos Wolfhond (Hütehund)
Stabyhoun (Vorstehhund)
Wetterhoun (Wasserhund)

Norwegen
Norwegischer Elchhund schwarz (Nordischer Jagdhund)
Dunker (mittelgroßer Schweißhund)
Haldenstøvare (mittelgroßer Schweißhund)
Hygenhund (mittelgroßer Schweißhund)
Norwegischer Buhund
Norwegischer Elchhund (Nordischer Jagdhund)
Norwegischer Lundehund (Nordischer Jagdhund)

Österreich
Alpenländische Dachsbracke (Schweißhund)
Brandlbracke (mittelgroßer Schweißhund)
Österreichischer Pinscher (Pinscher)
Steirische Rauhaarbracke (mittelgroßer Schweißhund)
Tiroler Bracke (mittelgroßer Schweißhund)

Peru
Peruanischer Nackthund (Hunde vom Urtyp)

Polen
Chart Polski (Windhund)
Ogar Polski (Schweißhund)
Polski Owczarek Nizinny / PON (Hütehund)
Tatra Schäferhund (Hütehund)

Portugal
Cao Fila de Sao Miguel (Molosser)
Castro Laboreiro (Molosser)

Estrela Mountain Dog (Molosser)
Podengo Portugues (Hunde vom Urtyp)
Perdigueiro Português / Portugiesischer Vorstehhund
Portugiesischer Schäferhund
Portugiesischer Wasserhund (Wasserhund)
Rafeiro de Alentejo (Molosser)

Russland
Borzoi (Langhaariger Windhund)
Kaukasischer Owtscharka (Berghund)
Mittelasiatischer Schäferhund / Sredneasiatskaya Owtcharka (Berghund)
Ostsibirische Laika (Nordischer Jagdhund)
Russo-europäische Laika (Nordischer Jagdhund)
Samojede (Nordischer Schlittenhund)
Südrussischer Owtscharka (Berghund)
Westsibirische Laika (Nordischer Jagdhund)

Serbien
Šarplaninac (Berghund)
Srpski Gonic / Serbische Bracke (Laufhund)
Dreifarbiger serbischer Laufhund (Laufhund)

Slowakei
Slovenský Cuvac (Berghund)
Slovensky kopov / Slowakische Schwarzwildbracke (Laufhund)
Slovenský Hrubosrsty Stavac (Vorstehhund)

Slowenien
Kraski Ovcar (Berghund)

Spanien
Ca de Bou (Molosser)
Gos d‘ Atura Català / Katalanischer Schäferhund (Schäferhund)
Dogo Canario (Molosser)
Pastor Mallorquin / Mallorca-Schäferhund
Podenco Canario
Podenco Ibicenco
Mastín del Pirineo / Pyrenäenmastiff (Molosser)
Galgo Español
Sabueso Español / Spanischer Laufhund
Mastino Español (Molosser)
Pachon Navarro (Vorstehhund)
Perro de agua español / Spanischer Wasserhund

Schweden
Drever (kleiner Schweißhund)
Hamiltonstövare (mittlerer Schweißhund)
Norbottenspets (Nordischer Jagdhund)
Schillerstövare (mittelgroßer Schweißhund)
Smålandsstövare (mittelgroßer Schweißhund)
Schwedischer Elchhund (Nordischer Jagdhund)
Schwedischer Lapphund (Nordischer Hütehund)
Västgötaspets / Vallhund (Hütehund)

Schweiz
Appenzeller Sennenhund
Berner Sennenhund
Entlebucher Sennenhund
Großer Schweizer Sennenhund
Bernhardiner (Berghund)

Schweizerischer Niederlaufhund (4 Varietäten: Kleiner Berner..., Kleiner Jura..., Kleiner Luzerner..., Kleiner Schwyz...)

Thailand
Thai Ridgeback (Hunde vom Urtyp)

Tibet
Lhasa Apso (Gesellschaftshund)
Shih Tzu (Gesellschaftshund)
Tibetmastiff (Molosser)
Tibetspaniel (Gesellschaftshund)
Tibet Terrier (Hütehund)

Tschechien /Slowakei
Ceský Fousek (Vorstehhund)
Ceský Terrier (kleiner Terrier)
Tschechoslowakischer Wolfshund (Schäferhund)

Ungarn
Magyar Vizsla (2 Varietäten: Kurz- und Rauhhaar) (Vorstehhund)
Magyar Agar / Ungarischer Windhund (Windhund)
Komondor (Hütehund)
Kuvasz (Hütehund)
Mudi (Hütehund)
Puli (Hütehund)
Pumi (Hütehund)
Transsylvanische Bracke (mittelgroßer Schweißhund)

USA
Alaskan Malamute (Nordischer Schlittenhund)
American Cocker Spaniel (Stöberhund)
American Foxhound (Großer Laufhund)
American Staffordshire Terrier (Terrier)
American Water Spaniel (Wasserhund)
Australian Shepherd (Hütehund)
Black and Tan Coonhound (Großer Laufhund)
Boston Terrier (Gesellschaftshund)
Chesapeake Bay Retriever (Apportierhund)
Siberian Husky (Nordischer Schlittenhund)
Toy Fox Terrier (Terrier)

Westliche Mittelmeergegend
Havaneser (Gesellschaftshund)

Zentralafrika
Basenji (Urhund)

Zentrales Mittelmeergebiet
Malteser (Gesellschaftshund)

Zimbabwe
Rhodesian Ridgeback (Hunde vom Urtyp)

Anm: Diese Liste basiert auf der Nomenklatur der FCI (www.fci.be), dem weltweiten Dachverband für Hundezucht

Sind Hunde wirklich die schnellsten Landtiere der Welt?

Um herauszufinden, welches das schnellste Tier der Welt ist, muss man die Art der Fortbewegung berücksichtigen, um die es gehen soll. Ginge es um ein Rennen in der Luft auf gerader Linie, wäre der Segler der Champion: Er kann bis zu 171 Stundenkilometern schnell fliegen. Wanderfalken sind langsamer, können aber bei direkter Verfolgung ihrer Beute bis 112 km/h schnell fliegen. Im Sturzflug dagegen erreichen sie die unglaubliche Geschwindigkeit von 389 km/h, womit sie einen fliegenden Segler mit Leichtigkeit fangen könnten. Im Wasser wirft der Fächerfisch alle anderen aus dem Rennen. Sein stromlinienförmiger Körper ermöglicht ihm, 109 km/h schnell zu schwimmen, der Schwertfisch schafft bis zu 97 km/h.

Wenn wir von Geschwindigkeiten auf dem Land sprechen, ist die wichtigste Überlegung, über welche Distanz gelaufen werden soll. Genau wie in der Leichtathletik auch werden die höchsten Geschwindigkeiten auf Kurzstrecken erreicht. Auf langen Strecken kann die hohe Geschwindigkeit nicht beibehalten werden. Wenn wir nur die Spitzengeschwindigkeiten betrachten, die ein Landsäugetier erreichen kann, ist das schnellste Tier, wie viele wissen, der Gepard, der bis zu 113 km/h erreicht. Auch wenn der Gepard ein erstaunlich schneller Renner ist, kann er dieses Tempo aber nur etwa knapp 300 Meter weit durchhalten. Da die Raubkatze ihre Beute also nur auf kurzen Sprintstrecken einholen kann, muss sie sich auf die Kunst des Lauerns, Anschleichens und Überraschungsangriffs verlassen, bevor sie losrennt.

Auch das schnellste Pferd ist ein Sprinter. Es ist das Quarter Horse, das seinen Namen der Tatsache verdankt, dass man es früher in Viertelmeilenrennen (etwa 400 m) laufen ließ. Auf dieser Distanz erreicht es 76 km/h, hat seine Kräfte nach einer halben Meile (etwa 800 m) aber ziemlich aufgebraucht. Auf längeren Strecken sind Pferde deutlich langsamer als dieser Spitzenwert. Als der Vollblüter Secretariat im Jahr 1973 den Geschwindigkeitsrekord beim Kentucky Derby aufstellte, galoppierte er 61 km/h über eine Distanz von 2,4 Kilometern.

Die Menschen haben Hunde so verändert, dass manche von ihnen heute schneller laufen können als die meisten anderen Tiere. Die wirklich schnellsten Hunde sind die Windhunderassen Greyhound, Whippet, Saluki und Afghane, die darauf spezialisiert sind, ihre Beute mit den Augen auszumachen und dann zu hetzen. Typischerweise haben diese Hunde einen sehr tiefen Brustkorb, damit viel Platz für große Lungen und ein großes Herz ist. Die Taille dagegen ist sehr schmal, damit der Rücken im Galopp maximal gekrümmt werden kann. So bringt jeder Sprung sie deutlich mehr als eine Körperlänge vorwärts.

Der schnellste unter diesen Hunden ist der Greyhound. Greyhounds sind speziell für ausdauerndes schnelles Rennen gezüchtet. Wenn sie mit Vollgas laufen, kann ihr Herz 300 - 360 Mal pro Minute schlagen. Das bedeutet, dass das Herz eines Greyhounds sich während des Rennens etwa fünf Mal pro Sekunde kontrahieren und mit Blut füllen kann. Damit wird Sauerstoff mit einer phänomenalen Rate zu den Muskeln transportiert. Die Fähigkeit des Greyhounds, schnell seine Spitzengeschwindigkeit zu erreichen, ist wirklich phänomenal. Bei maximaler Beschleunigung schafft er es innerhalb der ersten sechs Galoppsprünge aus dem Stand auf 72 km/h. Kein anderes Landsäugetier außer dem Gepard hat solch eine Beschleunigung.

Um Ihnen eine Vorstellung davon zu geben, wie schnell ein Greyhound sprintet, vergleichen Sie seine Leistung einmal mit der eines menschlichen Spitzenathleten. Als Asafa Powell seinen Weltrekord über hundert Meter aufstellte, lief er mit einer Geschwindigkeit von 36,9 km/h und legte die Distanz in 9,77 Sekunden zurück. Ein Greyhound würde die gleiche Strecke in 5,33 Sekunden schaffen.

Der Greyhound ist aber auch ein Langstreckenläufer. Er kann sich auf eine Geschwindigkeit von 56 km/h einpendeln und diese bis zu 11 km lang durchhalten. Der Gepard würde also das Sprintrennen gewinnen, bei jedem Langstreckenrennen würde der Greyhound die im Staub hechelnde Raubkatze aber weit hinter sich lassen.

Manche Hunde sind auf Supermarathonstrecken sogar noch besser. Dazu ist aber ein anderer Hundetyp nötig. Stellen Sie sich zum Beispiel einmal die Schlittenhunde vor, insbesondere Siberian Huskies, wie sie beim Iditarod mitlaufen. Dieses in Alaska stattfindende Schlittenhunderennen geht von Anchorage nach Nome über eine Strecke von 1868 Kilometern. Die Hundeteams laufen in diesem Rennen bis zu 201 Kilometern pro Tag, manchmal bis zu sechs Stunden am Stück und neun bis vierzehn Tage lang, wobei sie einen Schlitten mit einem Gewicht von 100 Kilogramm ziehen. Dazu kommt noch, dass sie diese Höchstleistung in einem Klimaextrem verbringen, in dem die Windchill-Temperatur bis zu minus 73,3 Grad Celsius erreichen kann. Der aktuelle Rekord für das Iditarod steht bei acht Tagen und 22 Stunden. Die typische Renngeschwindigkeit eines Schlittenhundes liegt bei 16-19 km/h, was bedeutet, dass er in sechs Stunden etwa 112 Kilometer zurücklegt. Und das halten diese Hunde im Schnitt bis zu elf Tage lang durch! Es ist schwer vorstellbar, dass irgendein anderes Landsäugetier mit diesem Tempo mithalten könnte.

Können Hunde schwitzen?

Wenn sich beim Menschen die Körpertemperatur erhöht, weil er sich in heißer Umgebung befindet oder sich viel bewegt oder hart gearbeitet hat, beginnt er zu schwitzen. Wenn Menschen schwitzen, ist das gut zu erkennen. Jeder schwitzt, wenn auch der eine vielleicht mehr als der andere. Bei manchen Menschen ist der Schweiß nur in den Achselhöhlen und auf der Stirn sichtbar, während andere fast überall schwitzen.

Schwitzen ist eine der Methoden, mit denen unser Körper seine Temperatur regelt. Unsere Schweißdrüsen sind über den größten Teil der Körperoberfläche verteilt. Wenn unsere innere Temperatur auf ein ungesundes Maß steigt, bildet der Schweiß einen Feuchtigkeitsfilm auf der Haut, der dann zu verdunsten beginnt. Da Flüssigkeit beim Verdunsten kühlt, hilft der Schweiß, uns effektiv in eine dünne, feuchte Schicht zu hüllen und damit unsere Körpertemperatur zu senken.

Die Haut eines Hundes ist ganz anders aufgebaut, weshalb Sie noch nie einen Hund unter den Achseln schwitzen gesehen haben. Die meisten Schweißdrüsen befinden sich beim Hund an den Pfotenballen. Wenn ein Hund überhitzt ist, lässt er deshalb manchmal eine Spur von feuchten Pfotenabdrücken hinter sich auf dem Boden zurück. Der Hauptmechanismus, den ein Hund anstelle des Schwitzens zum Kühlen gebraucht, ist das Hecheln mit der Zunge. Dabei verdunstet Feuchtigkeit von der Zunge und die schnelle Atmung sorgt dafür, dass die Innenauskleidung der Lunge als Oberfläche dient, von der Feuchtigkeit verdunsten kann. So schafft der Hund es, seine Körpertemperatur erheblich zu senken.

Ein anderer Mechanismus, den Hunde zum Kühlen benutzen, ist die Erweiterung der Blutgefäße in Gesicht und Ohren. Wenn es draußen nicht zu heiß ist, kann dies das Blut kühlen helfen, weil es dichter an der Körperoberfläche fließt. Bei durch Bewegung verursachter Überhitzung funktioniert dieser Mechanismus besser als bei heißen Außentemperaturen.

Sie denken sich vielleicht, dass ein weiterer Grund dafür, warum Hunde nicht so gut mit Hitze zurechtkommen, darin besteht, dass sie Fell haben und dieses im Sommer bestimmt ziemlich warm hält. Dies stimmt nur zum Teil, weil das Fell auch isoliert und als Barriere zwischen Umwelt und Körperinnerem dient. Es funktioniert so ähnlich wie die Isolationsschicht in einer Thermoskanne: Im Winter hält es die Körperwärme drinnen und die Kälte draußen, im Sommer hält es die Hitze draußen. Ist die Körpertemperatur aber erst einmal gestiegen, verhindert das Fell in ständig heißer Umgebung leider die Kühlung, weil die Hitze es dann schwer hat, durch es hindurchzudringen.

An heißen Tagen und besonders nach viel Bewegung können Hunde überhitzen und sogar einen Hitzschlag erleiden. Ein überhitzter Hund kann einen apathischen oder sogar verwirrten Eindruck machen. Zahnfleisch und Zunge können leuchtend rot sein und er hechelt vermutlich sehr stark. Wird nichts unternommen, kann der Hund kollabieren, einen Anfall bekommen oder sogar bewusstlos werden.

Ein einfacher Trick, wie man seinen Hund an heißen Tagen kühlen kann, ist eine Wassersprühflasche, wie man sie für Pflanzen verwendet. Sprühen Sie damit hin und wieder den Körper Ihres Hundes ein. Damit schaffen Sie einen Feuchtigkeitsfilm auf Ihrem Hund, der beim Verdunsten den gleichen Kühlungseffekt hat, als ob Ihr Hund am ganzen Körper schwitzen würde.

Warum schlafen Hunde manchmal auf dem Rücken?

Die meisten Besitzer haben ihren Hund schon gelegentlich auf dem Rücken schlafen gesehen. Man erinnert sich an diese Position, weil sie so unstabil und ungelenk erscheint, dass es manchmal direkt komisch ist. Der Grund, warum Hunde diese Position einnehmen, hat aber etwas mit Temperaturkontrolle zu tun.

Hunde, insbesondere langhaarige oder solche mit dichter Unterwolle, sind sehr gut im Aufrechterhalten ihrer Körpertemperatur. Deshalb können Hunde nordischer Rassen wie Malamutes, Samojeden oder Huskys auch bei arktischen Temperaturen gefahrlos draußen im Schnee schlafen.

Das Problem, das Hunde haben, ist, Hitze von ihrem Körper abzuleiten, wenn es zu heiß wird. Weil Hunde außer an ihren Pfotenballen nicht schwitzen, besteht ihre einzige Reaktionsmöglichkeit auf höhere Temperaturen aus Hecheln, das den Körper durch die Verdunstung von Feuchtigkeit über die Zunge ein bisschen kühlt. Hecheln ist aber ein aktiver Prozess und lässt sich nicht mit der für den Schlaf nötigen Entspannung vereinbaren.

Hunde haben deshalb noch eine andere Strategie zum Senken ihrer Körpertemperatur: Auf ihrer Unterseite ist das Fell deutlich dünner oder fehlt sogar ganz, sodass sie, wenn sie auf dem Rücken liegen, den am wenigsten isolierten Körperbereich der Luft aussetzen. Die Körperwärme kann deshalb einfacher abgeleitet werden, was eine effektive Methode zur Vermeidung von Überhitzung sein kann.

Außerdem nutzen Hunde die Umgebung, um ihre Innentemperatur an heißen Tagen zu senken. Ein Platz im Schatten ist dabei natürlich hilfreich. Manche Hunde legen sich auch an Stellen, an denen sie einen kühlen Luftzug von einem Ventilator mitbekommen. Wenn Sie einen Raum mit gefliestem Fußboden haben, nutzt Ihr Hund vielleicht wieder die Tatsache, dass seine Bauchunterseite schlechter isoliert ist. Diesmal wird er sich aber mit dem Bauch direkt auf den kühlen Boden legen und die Beine wegstrecken. Auch diese Pose wirkt lustig, weil die Hunde dann aussehen wie ein Biber- oder Otterpelz, den man zum Trocknen ausgelegt hat.

Welpen schlafen manchmal noch aus einem anderen Grund auf dem Rücken. Ab dem Moment, in dem sie ganz mobil werden bis zum Alter von drei oder vier Monaten benehmen sie sich wie Aufzieh-Spielzeuge: Sie rennen und tollen mit Vollgas herum, um dann ganz plötzlich einfach aufzuhören: Sie schwanken, wackeln und fallen dann irgendwann wie die gefällten Bäume um. Bei Welpen ist es also oft so, dass sie sich die Rückenlage zum Schlafen nicht unbedingt bewusst ausgesucht haben. Wenn ihre Energie aufgebraucht ist, schlafen sie einfach in der Position ein, in der sie sich zuletzt befunden haben.

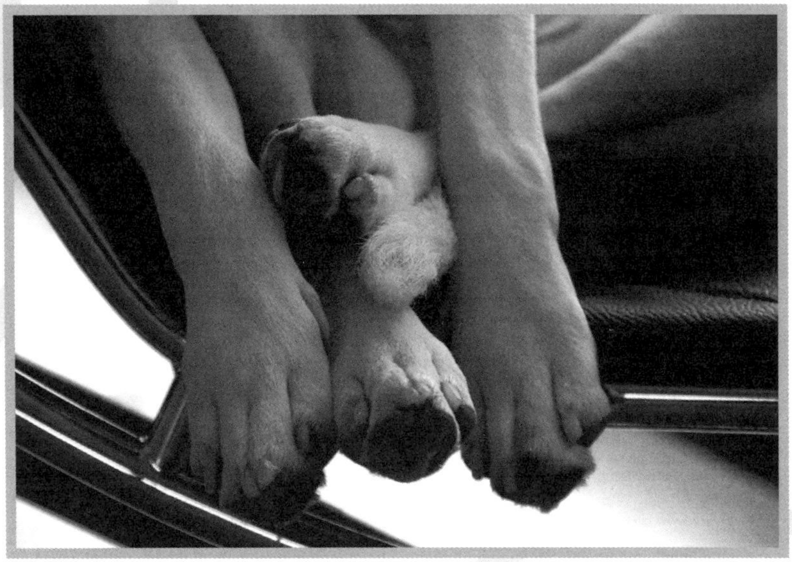

Warum haben Hunde Wolfskrallen?

Wolfs- oder Afterkrallen sind kurze Krallen an der Innenseite der Beine, die nicht den Boden berühren. Die meisten Hunde haben sie nur an den Vorderbeinen, nur selten kommen sie auch hinten vor. Bei manchen Rassen wie dem Pyrenäenberghund oder dem Briard sind hintere Wolfskrallen jedoch üblich. Der Pyrenäenberghund hat sogar eine doppelte Wolfskralle. Dieses ererbte Merkmal namens »Polydaktylie«, also »Vielfingrigkeit«, sorgt dafür, dass zwei knöcherne Zehen anstatt nur einer vorhanden sind.

Bei den meisten Hunden haben die Wolfskrallen keine Funktion, aber sie sind ein interessantes Beweisstück der frühen evolutionären Vergangenheit der Spezies. Vor etwa 40 Millionen Jahren lebte ein katzenähnliches Tier namens Miacis, das auf Bäume kletterte. Zum Bäumeklettern sind fünf Zehen natürlich ein Vorteil. Miacis entwickelte sich aber irgendwann zu der am Boden lebenden Spezies Cynodictis weiter. Ab diesem Punkt begannen sich die folgenden Generationen von Tieren, die später einmal zu unseren Hunden werden sollten, als sozial lebende Jäger zu spezialisieren. Weil sie schnell laufende Beutetiere jagten, wurde Geschwindigkeit zu einem wichtigen Faktor. Die Hunde von heute sind Lauftiere, die Evolution hat sie zu schnellen Rennern gemacht. Um zusätzliche Geschwindigkeit zu gewinnen, war während der Evolution eine Veränderung im Körperbau nötig.

Menschen und Bären sind sogenannte »Sohlengänger«, sprich sie treten bei jedem Schritt mit der ganzen Fläche ihres Fußes auf den Boden auf und rollen dann von der Ferse zur Zehe hin ab. Diese Art der Fortbewegung sorgt für viel Gleichgewicht und Stabilität, ist aber ein relativ langsamer Prozess. Die Evolution brachte die Zehen der Hunde so nach vorne/unten, dass ihre Fersen nicht mehr auf den Boden auftrafen. Damit wurden sie zu »Zehengängern«, die auf den Zehen laufen. Diese Art der Fortbewegung sorgt zusammen mit längeren und stärkeren Vorderbeinen für mehr Tempoentfaltung. Weil es für Menschen überlebenswichtig ist, Dinge mit den Händen greifen zu können, wurde das, was bei den Hunden zur Wolfskralle wurde, bei uns zum Daumen. Der Hund steht mit vier Zehen auf dem Boden und die Wolfskralle ist einfach nur noch ein verkümmertes Überbleibsel der Evolution.

Wegen dieser körperlichen Veränderungen berührt die Fußsohle von Hunden niemals den Boden und die Wolfskralle ist zu kurz, um von funktionalem Wert zu sein. Die Evolution hat übrigens noch einen zusätzlichen Trick, um das Tempo eines Tieres weiter zu steigern: Es läuft nicht mehr nur auf den Zehen, sondern auf den Zehenspitzen, die sich oft zu Hufen weiterentwickelt haben. Das ist das, was zum Beispiel bei Pferden und Rotwild passiert ist. Hunde benutzen ihre Pfoten in gewissem Maß immer noch dazu, Dinge festzuhalten oder zu bewegen, weshalb Hufe für sie kein Vorteil wären (für uns, die wir Hunde im Haus halten und möchten, dass unser Parkett heil bleibt, auch nicht).

Die Wolfskrallen, egal ob vorn oder hinten, machen Hundebesitzern manchmal Sorgen, weil sich dahinter auf Spaziergängen manchmal Dinge festklemmen und dazu führen können, dass die Kralle einoder abreißt und Verletzungen verursacht. Viele Wolfskrallen liegen aber so eng am Bein an, das es bei regelmäßigem Krallenschneiden unwahrscheinlich ist, dass sich darin etwas verfängt. Andere dagegen sind so lose und schlabberig, dass sie eine echte Gefahrenquelle darstellen, besonders für Hunde, die viel draußen herumtollen und mit Bäumen oder Wurzeln in Berührung kommen. Manche Züchter lassen deshalb die Wolfskrallen entfernen, bevor sie die Welpen abgeben, bei der Mehrheit der Hunde bleiben sie aber intakt. (Laut deutschem Tierschutzgesetz § 6 Abs. 1 ist eine Entfernung der Wolfskrallen verboten. Nur in Fällen, in denen diese zusätzliche Kralle zu Verletzungen führt, darf sie nach tierärztlicher Indikation entfernt werden, Anm. d. Übers.)

Übrigens gibt es noch einen interessanten Volksglauben, der manche Menschen davon abhält, ihren Hunden die Wolfskrallen zu entfernen. In den südlichen Bundesstaaten der USA glauben manche, dass Hunde, die mit Wolfskrallen an den Hinterläufen geboren werden (was eher selten ist) eine natürliche Immunität gegenüber Schlangengift besäßen, solange die Wolfskrallen intakt blieben. So führte mir einmal ein alter Mann in South Carolina seine Lieblingsjagdhündin vor und zeigte mir die Wolfskrallen an ihren Hinterläufen. »Sie wurde schon mehr als einmal von einer Schlange gebissen, aber sie lebt noch, weil die Wolfskrallen das Gift aufgesaugt haben.«

Heilen Wunden und Schnitte besser, wenn Hunde sie ablecken?

Bei Menschen und vielen Tieren ist das Lecken von Wunden eine instinktive Reaktion auf Verletzungen. Hunde, Katzen, Nagetiere und Primaten lecken alle ihre eigenen Wunden, wobei Hunde oft auch wunde oder blutende Hautstellen ihrer menschlichen Familienmitglieder ablecken. Es ist ein häufiger Volksglaube, dass der Speichel von Tieren, besonders der von Hunden, bei menschlichen Wunden heilende Eigenschaften hat. Hinweise darauf finden wir in vielen historischen Überlieferungen. Im alten Ägypten wurde die Stadt Hardai als Cynopolis (»Stadt der Hunde«) bekannt, weil in ihren zahlreichen, dem hundeköpfigen Totengott Anubis geweihten Tempeln Hunde als Opfer dargebracht wurden. Man setzte sie dort aber auch zu Heilzwecken ein, weil die Menschen fest daran glaubten, dass die Zunge eines Hundes Wundstellen und Verletzungen oder die zugrundeliegende Erkrankungen heilen könne. Diese Praxis wurde von den Griechen übernommen, sodass es auch in ihren Tempeln, die Asklepius als dem Gott der Medizin und der Heilkunst geweiht waren, oft Hunde gab, die zum Belecken von Wunden trainiert waren. Aus dem Mittelalter stammt die Legende des Heiligen Rochus, der angeblich von der Pest geheilt wurde, weil ein Hund seine Pestbeulen beleckte. Auch heute noch glaubt man in vielen Kulturen an die heilenden Kräfte der Hundezunge. Es gibt sogar ein zeitgenössisches französisches Sprichwort dazu: »Langue du chien, langue de médecin«, übersetzt »Die Zunge eines Hundes ist die Zunge eines Arztes«.

Die simple mechanische Aktion einer Hundezunge kann tatsächlich in der Wundbehandlung hilfreich sein: Der Speichel löst Schmutz von der Wundoberfläche, sodass diese zumindest gereinigt wird.

Das Interesse der Wissenschaft richtete sich aber eher auf die verschiedenen antibiotischen Bestandteile und andere Stoffe, die man im Hundespeichel nachweisen konnte. Man vermutete schon lange, dass Speichel besondere Heilkräfte haben könne, weil Wunden im Mundinneren schneller verheilen und weniger vernarben als äußere Hautwunden. Menno Oudhoff von der Universität Amsterdam fand einfache Proteine namens »Histatine« im Speichel. Sie sind bekannt für ihre Fähigkeit zur Infektionsabwehr. Manche Histatine bringen auch die Zellen der Hautoberfläche, des »Epitheliums«, dazu, sich schneller über einer Wunde zu schließen. »Das erste, was zur Wundheilung nötig geschehen muss, ist, dass die Migration der Epithelzellen aktiviert werden muss«, stellte Oudhoff fest.

Dr. Nigel Benjamin, klinischer Pharmakologe am St. Bartholomew's Hospital und der London School of Medicine and Dentistry, meint, dass das Wundenlecken für Menschen genauso gut sei wie für Tiere. Wenn Speichel in Kontakt mit Haut kommt, so ergaben seine Forschungen, wird das als natürlicher Bestandteil des Speichels vorkommende Nitrit in Stickoxid gespalten, das Schnitte und Kratzer effektiv vor bakteriellen Infektionen schützt. Außerdem entdeckten Wissenschaftler an der University of Florida in Gainsville ein Protein namens »Nervenwachstumsfaktor« (engl. »Nerve Growth Factor«, NGF) im Speichel. Mit NGF behandelte Wunden heilten doppelt so schnell wie unbehandelte (also unbeleckte) Wunden.

Trotz all dieser Tatsachen sind die Daten zum Wundenlecken nicht nur positiv. In den Mundhöhlen von Säugetieren finden wir auch bestimmte anaerobe Bakterienarten wie zum Beispiel Pasteurella. Im Mund selbst richten sie zwar keinen Schaden an, sie können aber schwere Infektionen verursachen, wenn sie tief in eine offene Wunde geraten. Es sind mehrere solcher Vorkommnisse mit zum Teil extrem negativem Ausgang wie Amputationen oder sogar Tod belegt.

Ein interessanter Aspekt der Forschungsergebnisse ist, dass die nützlichen Stoffe nicht nur im Speichel von Hunden, sondern auch in dem von Menschen vorkommen. Sollten Sie also gewillt sein, die möglichen Komplikationen der Wundheilung durch Belecken zu ignorieren, brauchen Sie gar nicht unbedingt die Unterstützung von Lassie oder Fido: Sie können es auch selbst machen. Was natürlich nicht bedeutet, dass Sie die Heilkräfte Ihrer Zunge freigiebig anderen zur Verfügung stellen sollten. Im US-Bundesstaat Oregon wurde einmal ein Lehrer zu einer Strafe verurteilt, nachdem er einmal Wunden am Knie eines Leichtathleten, am Arm eines Footballspielers und an der Hand eines Highschool-Schülers beleckt hatte. Ein Amtsarzt kommentierte den Fall wie folgt: »Wir wissen, dass Tiere ihre eigenen Wunden lecken und es mag sein, dass Speichel gewisse heilende Eigenschaften hat. Meine sehr dringende Empfehlung lautet jedoch dahingehend, dass Sie sich auf das Belecken Ihrer eigenen Wunden beschränken.«

Warum lieben Hunde Knochen?

Wer schon einmal einem Hund beim Kauen auf einem rohen Knochen zugeschaut hat, weiß, wie toll dies für ihn zu sein scheint. Selbst wenn nur sehr wenig Fleisch am Knochen ist und die wenigen an ihm klebenden Fleischfetzchen schnell verschwinden, wird der Hund weiter am Knochen herumnagen und ihn auch zerbeißen, wenn er ihn weit genug nach hinten in sein Maul bekommt, um ihn mit seinen Backenzähnen bearbeiten zu können. Letzten Endes wird er ihn größtenteils verspeisen, und das ist das wissenschaftliche Rätsel: Warum möchte ein Hund oder ein anderer Carnivore ein offensichtlich so energiearmes Nahrungsmittel so unbedingt haben, dass er bereit ist, stundenlang daran zu arbeiten, bis er ihn zerbeißen und zermahlen kann?

Den ersten nützlichen Hinweis erhalten wir kurioserweise aus der Forschung zur menschlichen Ernährung. John D. Speth von der Universität Michigan fand in Ausgrabungsstellen in New Mexico unter anderem auch Knochen von Bisons, die etwa 1450 v.Chr. getötet worden waren. Das Merkwürdige an diesen Fundorten war, dass die Jäger die Kadaver der weiblichen Tiere größtenteils zurückgelassen hatten, während sie von den männlichen so viel weggeschleppt hatten, wie sie nur konnten. Was also stimmte nicht mit diesen Bisonkühen? Einen Hinweis darauf liefert uns die Jahreszeit: Die meisten prähistorischen Bisons wurden im Herbst oder Winter erlegt, diese Tiere hier wurden jedoch im Frühjahr gejagt. Was weibliche Tiere im Frühjahr zum Essen wenig verlockend macht, ist das Fett oder vielmehr der Mangel daran. Tragende und säugende Kühe sind im Frühjahr oft sehr gestresst, weil sie sich im letzten Stadium der Trächtigkeit befinden oder schon ein Kalb säugen, es aber noch lange dauern wird, bis die Vegetation so weit gediehen ist, dass sie genug Futter finden. Folglich müssen sie von ihren eigenen Fettreserven leben und werden sehr mager.

Ein ähnlicher Fettschwund kann auch auftreten, wenn Tiere während einer Kälte- oder Dürreperiode fast verhungern. Zu solchen Zeiten kann das Körperfett bis auf wenige Prozent des Gesamtgewichts zurückgehen (was viel weniger ist als selbst im magersten Steak). Vielleicht überrascht es den ein oder anderen zu erfahren, dass eine fast ausschließlich aus Proteinen bestehende Ernährung zu wenig Kalorien enthält, um davon leben zu können und sogar zu einer Proteinvergiftung führen kann. Die Jäger der Frühzeit verschmähten das Fleisch der Bisonkühe also offensichtlich wegen seines zu geringen Fettgehalts.

Wie ungesund eine proteinreiche Nahrung bei gleichzeitigem Fehlen von Fett ist, sehen wir am Beispiel eines Ereignisses, das im Winter 1857 in Wyoming stattfand. Einem Armeeoffizier namens Randolph Marcy ging der Proviant aus und er musste seine gesamte Truppe bis nach Santa Fe in Mexiko marschieren lassen, um neue Vorräte aufnehmen zu können. Die Männer überlebten, indem sie ihre Packtiere aßen. Leider brachte die schlechte Fleischqualität die Soldaten aber beinahe um, wie Marcy berichtete: »Wir probierten das Fleisch von Fohlen, Pferden und Maultieren, die alle im abgemagerten Zustand waren und natürlich deshalb weder zart noch saftig und nahrhaft. Wir verzehrten die enorme Menge von fünf bis sechs Pfund dieses Fleischs pro Kopf am Tag und wurden trotzdem immer schwächer und dünner, bis wir nach zwölf Tagen nur noch zu leichter Arbeit imstande waren und uns verzweifelt nach fettem Fleisch sehnten.«

Dies bringt uns dazu, warum Knochen in der Evolution der Carnivoren wichtig wurden. Jahreszeitliche Schwankungen zwischen Warm und Kalt in den mittleren Breitengraden sowie zwischen Regen- und Trockenzeit in den Tropengebieten beeinflussen das Pflanzenwachstum und damit die Futtergrundlage der Tiere, die Fleischfressern als Beute dienen. Die letzte Fettreserve eines Tieres, das harte Zeiten durchlebt, befinden sich in seinen Knochen. Besonders reich daran ist das Knochenmark, das fast zur Hälfte aus Fett besteht. Außerdem ist an das Kalzium, aus dem der Knochen besteht, noch ein »Knochenfett« gebunden, das zwar weniger gut verdaulich und konzentriert ist, aber immer noch eine bedeutende Fettquelle darstellt. Wenn Sie ein Raubtier sind und Ihre Beute aus irgendeinem Grund während einer Jahreszeit in schlechter Verfassung ist, können Sie die Qualität des vorhandenen Fleischs enorm steigern, wenn Sie etwas Fett hinzufügen. Das Fett fungiert als eine Art Nährstoff-Multiplikator. Die Fähigkeit der Carnivoren, an das Knochenmark ihrer Beute heranzukommen, und ihr Verlangen zum Zerbeißen und Fressen der Knochensubstanz, um auch an das Knochenfett zu kommen, können den Unterschied zwischen Leben und Tod bedeuten.

Manche Carnivoren, wie etwa Hyänen, haben sogar auf das Zerbeißen von Knochen spezialisierte Zähne. Unsere Hunde müssen ohne sie auskommen und deshalb härter arbeiten, aber sie haben sehr starke Kiefer: Selbst ein kleiner Hund kann eine Beißkraft von über zweihundert Kilo pro Quadatzentimeter entwickeln, womit er nach und nach auch den größten Knochen abtragen kann. Am wichtigsten ist aber, dass die Evolution die Hunde mit dem Drang ausgestattet hat, an diese Fettquelle heranzukommen. Die Evolution arbeitet mit dem Trick, alle Verhalten angenehm zu machen, die für das Überleben des Individuums oder der Art notwendig sind (wie Fressen oder Sex). Deshalb ist das Verhalten »Knochen kauen« für Hunde so befriedigend.

Ein Vorsichtshinweis noch: Geben Sie Ihrem Hund nur rohe Knochen. Kochen führt zum Ausschwitzen des Knochenfetts und schmilzt häufig auch das im Mark enthaltene Fett. Außerdem sind gekochte Knochen auch viel spröder, und das Fressen scharfkantiger Knochensplitter kann zu inneren Verletzungen Ihres Hundes führen.

Einer der neuesten Trends in der medizinischen Forschung konzentriert sich auf die Beziehungen zwischen Menschen und ihren Haustieren und deren Auswirkungen auf das körperliche Wohlbefinden der Tierbesitzer. Ihr Hund kann dabei helfen, eine Stressreaktion zu senken, die Ihren Körper in Gefahr bringt. Die Bedeutung der Mensch-Tier-Bindung und ihres Einflusses auf die menschliche Psyche ist aber erst seit Kurzem medizinisch anerkannt.

Wirklich beeindruckend sind die Forschungsergebnisse, die Herzerkrankungen mit psychologischem Stress in Verbindung bringen. Eine kürzlich im International Journal of Epidemiology veröffentlichte Studie umfasste zum Beispiel einen Versuchszeitraum von acht Jahren. Die Studie wurde im Londoner Stadtbezirk Whitehall an einer großen Testgruppe durchgeführt (73% aller öffentlichen Angestellten in 23 Abteilungen von Regierungseinrichtungen). Dabei wurden unterschiedliche Stressfaktoren wie Ehe- oder Familienprobleme, Probleme am Arbeitsplatz und Geldsorgen berücksichtigt. Die Auswirkungen des Stresses waren noch schlimmer, als man gedacht hatte: Die unter psychologischem Stress stehenden Männer litten mit 83% höherer Wahrscheinlichkeit an Erkrankungen der Herzkranzgefäße, und die Frauen in der Stressgruppe hatten immer noch ein um erschreckende 51% höheres Risiko für Herzerkrankungen.

Eine andere breit angelegte Studie wurde in Japan durchgeführt und kürzlich im Wissenschaftsjournal Circulation veröffentlicht. Sie umfasste über 73.000 Menschen im Alter zwischen 40 und 79 Jahren. Menschen, die sich regelmäßig täglich gestresst fühlen, sterben mit höherer Wahrscheinlichkeit an einem Herzinfarkt oder Schlaganfall. Das vermutlich wichtigste Forschungsergebnis war, dass diese Faktoren auch in der Gruppe der Menschen mit dem geringsten Risiko (Frauen ohne weitere Risikofaktoren) noch Auswirkungen zeigten. Die dauergestressten Frauen starben im überprüften Zeitraum mit doppelt so hoher Wahrscheinlichkeit an Herzerkrankungen wie ihre entspannten Kolleginnen.

Was das alles mit Ihrem Hund zu tun hat? Die starke Verbindung zwischen Menschen und Tieren wurde inzwischen zum Thema ernsthafter psychologischer Forschung. Die ersten wissenschaftlichen Beweise für die gesundheitsfördernden Eigenschaften einer solchen Beziehung wurden vor etwa 30 Jahren veröffentlicht, als der Psychologe Alan Beck von der Universität Purdue und der Psychiater Aaron Katcher von der Universität Pennsylvania maßen, was körperlich geschieht, wenn ein Mensch einen freundlichen und ihm bekannten Hund streichelt. Sie stellten fest, dass sich der Blutdruck der betreffenden Person senkte, der Herzschlag verlangsamte, der Atem regelmäßiger wurde und die Muskelspannung nachließ – alles Anzeichen für reduzierten Stress.

Eine im Journal of Psychosomatic Medicine veröffentlichte Studie bestätigte nicht nur diese Auswirkungen, sondern darüber hinaus auch Veränderung in der Chemie des Blutes: Stresshormone wie Cortisol waren in niedrigerer Konzentration vorhanden. Diese Auswirkungen schienen automatisch stattzufinden und keine bewussten Handlungen und kein Training von Seiten der gestressten Person zu erfordern. Das vielleicht Überraschendste war, dass diese positiven psychologischen Auswirkungen nach nur 5-24 Minuten Umgang mit dem Hund eintraten – viel schneller, als die stärksten stresssenkenden Medikamente wirken. Vergleichen Sie dies einmal mit den üblichen Antidepressiva: Sie verändern den Pegel des Neurotransmitters Serotonin im Blut, können aber bis zu zwei Wochen lang brauchen, bis irgendwelche positiven Effekte spürbar werden. Außerdem kann die Stressresistenz, die sich während der Langzeiteinnahme dieser Medikamente aufbaut, schnell wieder verloren gehen, wenn die Einnahme nur einige Male vergessen wird. Das Streicheln eines Hundes hat dagegen eine fast sofortige Wirkung und kann jederzeit vorgenommen werden.

Heute wird von einer großen Datenbank bestätigt, dass Tiere gut für Ihre Herzgesundheit sind, Ihre Lebensqualität und Lebenserwartung steigern können. Dabei sind die Vorteile nicht nur kurzfristiger Art: Hunde reduzieren Stress auch noch über die Zeit hinaus, in der sie anwesend sind, und der Effekt scheint sich anzuhäufen. So ergab zum Beispiel eine an 5741 Menschen im australischen Melbourne durchgeführte Studie, dass Tierbesitzer einen niedrigeren Blutdruck und einen geringeren Cholesterolgehalt im Blut hatten als Nicht-Tierbesitzer, selbst wenn beide Gruppen ansonsten einen ähnlich schlechten Lebensstil mit Rauchen und fettreicher Ernährung pflegten.

Eine am Forschungszentrum der American Heart Association präsentierte faszinierende Studie zeigte, wie sehr die Miteinbeziehung eines Tieres in Ihr Leben helfen kann. Die Wissenschaftler untersuchten eine Gruppe männlicher und weiblicher Börsenmakler, die bereits Anzeichen der Stressauswirkungen zu zeigen begannen und Kandidaten für blutdrucksenkende Medikamente waren. Zuerst maßen die Forscher den Blutdruck unter Stressbedingungen, indem sie den Maklern Rechenaufgaben mit Zeitlimit stellten und sie Rollenspiele machen ließen, in denen sie sich aus einer unangenehmen Situation herausreden mussten. Als Reaktion auf diese Stresssituationen schoss der Blutdruck im Schnitt auf einen Wert von 184/219 hoch (alles über 140/90 wird als hoher Blutdruck betrachtet).

Dann bekam jeder Börsenmakler das gleiche Medikament verschrieben, die Hälfte der Probanden bekam außerdem eine

Katze oder einen Hund als Haustier. Sechs Monate später beriefen die Forscher die Versuchspersonen wieder ein und führten weitere Belastungstests durch. Diejenigen Börsenmakler, die ein Haustier bekommen hatten, durften dieses zum Stresstest mitbringen und zeigten einen nur halb so starken Anstieg des Blutdrucks wie diejenigen, die nur mit Medikamenten allein behandelt worden waren.

Tiere können sogar dann helfen, wenn Sie bereits Anzeichen für eine Herzerkrankung zeigen. In einer verblüffenden, im American Journal of Cardiology veröffentlichten Studie beobachteten Wissenschaftler über 400 Patienten nach ihrer Entlassung aus dem Krankenhaus, in das sie mit einem Herzinfarkt eingeliefert worden waren. Ein Jahr später hatten die Tierbesitzer unter ihnen eine deutlich höhere Überlebensrate als die Nicht-Tierbesitzer.

Letzten Endes sieht es so aus, dass Hunde ein angenehmerer und effektiverer Weg zum Umgang mit Stress und Herzproblemen sein könnten als die Langzeiteinnahme von Medikamenten oder andere Therapien. Ihr Hund ist ein Antidepressivum auf Pfoten!

Ausgewählte Quellen und Literaturempfehlungen

Im Folgenden finden Sie eine Liste einiger Quellen für Themen, die im Buch besprochen wurden. Ich habe versucht, so viel Angaben wie möglich zu machen, damit die Leser diese Zitate als Startpunkt zur Suche nach weiteren Forschungsarbeiten benutzen können, die sie interessieren könnten. Wenn ich einen Reprint oder eine Neuauflage in meiner Recherche verwendet hatte, habe ich diese anstelle der Originalausgabe angegeben. In der Literaturliste finden Sie außerdem einige meiner weiteren Bücher, in denen Sie detailliertere und vollständig mit Quellenangaben versehene Abhandlungen zu einigen der Themen finden.

B. Adams, A. Chan, H. Callahan und N.W. Milgram, »The Canine as a Miodel of Human Cognitive Aging: Recent Developments,« in: *Progress in Neuro-Psychopharmacology & Biological Psychiatry* 24 (2000), S. 675-92.

E. Adamson, R.G. Beauchamp, M.H. Bonham, S. Coren, M. Fields-Babineau, S. Hodgson, C. Isbell, S. McCullough, G. Spadafori, J. Volhard, W. Volhard, C. Walkowicz und M.C. Zink: *Dogs All-in-One for Dummies.* Wiley, Hoboken, NJ, 2010.

P. Bateson, »Assessment of Pain in Animals,« in: *Animal Behavior* 42(1991), S. 827-39.

G.K. Beauchamp und L. Bartoshuk: *Tasting and Smelling.* Academic Press, San Diego, 1997.

A.M. Beck und A.Y. Katcher, »A New Look at Pet-Facilitated Therapy,« in: *Journalof the American Veterinary Medical Association* 184 (1984), S. 414-21.

M. Bekoff, C. Allen und G.M. Burghardt: The Cognitive Animal: *Empirical and Theoretical Perspectives on Animal Cognition.* MIT Press, Cambridge, MA, 2002.

R.E. Brown und D.W. Macdonald: *Social Odours in Mammals.* Clarendon Press, New York, 1985.

W.E. Campbell: *Behavior Problems in Dogs.* American Veterinary Publications, Santa Barbara, CA. 1975.

J. Church and H. Williams »Another Sniffer for the Clinic?« in: *Lancet* 358 (2001), S. 930.

K.M. Cole und A. Gawlinski, »Animal-Assisted Therapy: The Human-Animal Bond«. *AACN Clinical Issues* 11 (2000), S. 139-49.

J.J. Cooper, C. Ashton, S. Bishop, R. West, D.S. Mills und R.J. Young, »Clever Hounds: Social Cognition in the Domestic Dog *(Ca-*

nis familiaris),« in: *Applied Animal Behavior Science* 81(2003), S. 229-44.

R. Coppinger und L. Coppinger: *Dogs. A Startling New Understanding of Canine Origin, Behavior and Evolution.* Scribner, New York, 2001. (dt. Übersetzung erschienen unter dem Titel Hunde: *Neue Erkenntnisse über Herkunft, Verhalten und Evolution der Kaniden* 2003 bei Animal Learn Verlag, Grassau).

S. Coren, »Barks and Bites: Understanding Aggression – the Signs and Symptoms,« in: *Dog Basics* 6, No. 1 (Frühjahr 2010), S. 12-14.

S. Coren, »Behind Puppy Dog Eyes: Do You Have a Depressed Dog?«, in: *Puppy and Dog Basics* 5, No. 2 (Herbst 2009), S.14-16.

S. Coren, »Clairvoyant Canines and Psychic Poodles,« in: *Modern Dog* 3, No. 1 (Frühjahr 2004), S. 24-28.

S. Coren, »Dogs and Your Health: The China Experiment,« in: *Modern Dog* 8 , Nr. 3 (Herbst 2009), S. 98-100.

S. Coren: »Dogs, Sex and Mathematics,« in: *Animal Sense* 10, Nr. 1 (Frühjahr/Sommer 2009), S. 22«

S. Coren, »Harmonious Hounds,« in: *Modern Dog* 3 , Nr. 2 (Sommer 2004), S. 18-21.

S. Coren: *How Dogs Think: Understanding the Canine Mind.* Free Press, New York, 2004.

S. Coren: *How to Speak Dog: Mastering the Art of Dog-Human Communication.* Free Press, New York, 2000. (dt. Übersetzung erschienen unter dem Titel *Die Geheimnisse der Hundesprache. Lernen Sie Ihren Hund verstehen und mit ihm zu kommunizieren.* Kosmos Verlag, Stuttgart, 2002.)

S. Coren: *The Intelligence of Dogs: Canine Consciousness and Capabilities.* New York, Free Press, 2006. (dt. Übersetzung erschienen unter: *Die Intelligenz der Hunde.* Rowohlt, Hamburg, 1997).

S. Coren, »Laughing Dogs. Does Your Dog Enjoy a Good Joke?« in: *Modern Dog* 2, Nr. 4 (Winter 2003), S. 26-30.

S. Coren, »Mathematical Mutts,« in: *Modern Dog* 3, Nr. 4 (Winter 2004), S. 76-79.

S. Coren: *The Modern Dog.* Free Press, New Yorkm 2008.

S. Coren: *The Pawprints of History: Dogs and the Course of Human Events.* Free Press, New York, 2002. (dt. Übersetzung erschienen unter: Hunde, die Geschichte schrieben: Von Richard Wagners Pepts bis Bill Clintons Buddy. Kosmos, Stuttgart, 2006).

S. Coren, »Pill-Popping Pups: Mood-Altering Drugs and Our Dogs,« in: *Modern Dog* 8, Nr. 1 (Frühjahr2009), S. 90-95.

S. Coren, »Venus, Mars or Pluto?« *in Modern Dog* 2, Nr. 2 (Sommer 2003), S. 30-33.

S. Coren: *Why Does My Dog Act That Way? A Complete Guide to Your Dog`s Personality.* Free Press, New York, 2006.

S. Coren: *Why We Love the Dogs We Do.* Free Press, NewYork, 1998.

S. Coren and S. Hodgson: *Understanding Your Dog for Dummies.* Wiley, Hoboken, NJ, 2007.

V. Csányi: *If Dogs Could Talk.* North Point Press, New York, 2005. (dt. Übersetzung erschienen unter: *Wenn Hunde sprechen könnten.* Kynos Verlag, Mürlenbach, 2007.

C. Darwin: *The Expression of Emotions in Man and Animals.* 3. Aufl., Harper Collins, London, 1998. (dt.: *Der Ausdruck der Gemütsbewegungen bei den Menschen und den Tieren.*)

N.H. Dodman: *If Only They Could Speak.* Norton, New York, 2002.

J. Donaldson: *Oh Behave! Dogs from Pavlov to Premack to Pinker.* Dogwise, Wenatchee, WA. 2008. (dt. Übersetzung erschienen unter: *Verhaltensfragen. Hunde in der modernen Verhaltensforschung.* Kynos Verlag, Nerdlen, 2011).

J. Donaldson: *Train Your Dog Like a Pro.* Howell, Hoboken, NJ, 2010. (dt. Übersetzung erschienen unter: *Profi-Coaching für Hundehalter.* Kynos Verlag, Nerdlen, 2011).

D.U. Feddersen-Petersen, »Zur Biologie der Aggression des Hundes,« in: *Deutsche Tierärztliche Wochenschrift* 108 (2001), S. 94-101.

J.C. Fentress, »The Covalent Animal: On Bonds and Their Boundaries in Behavioral Research,« in: *The Inevitable Bond: Examining Scientist-Animal Interactions*, Hrsg. H. Davis und D. Balfour, S. 44-71. Cambridge University Press, Cambridge, 1992.

E. Friedmann, A.H. Katcher, J.J.Lynch und S.A. Thomas, »Animal Companions and One-Year-Survival of Patients after Discharge from a Coronary Care Unit«, in: *Public Health Reports* 95 (1980), S. 307-12.

S.D. Gosling, V.S.Y. Kwan und O.P. John, »A Dog`s Got Personality: A Cross-Species Comparative Approach to Personality Judgements in Dogs and Humans,« in: *Journal of Personality and Social Psychology* 85 (2003), S. 1161-69.

B. Hare, M. Brown, C.Williamson und M. Tomasello, »The Domestication of Social Cognition in Dogs,« in: *Science* 298 (2002), S. 1634-36.

B.L: Hart und L.A. Hart, »Selecting Pet Dogs on the Basis of Cluster Analysis of Breed Behavior Profiles and Gender,« in: *Journal of the American Veterinary Medicine Association* 186 (1985), S. 1181-85.

H.E. Heffmer, »Hearing in Large and Small Dogs: Absolute Thresholds and Size of the Tympanic Membrane,« in: *Behavioral Neuroscience* 97(1983), S. 310-18.

A.H. Katcher und A.M. Beck, »Dialogue with Animals,« in: *Transactions & Studies of the College of Physicians of Philadelphia* 8 (1986), S. 105-12.

J.P. Keenan, G.C. Gallup und D. Falk: *The Face in the Mirror. The Search for the Origins of Consciousness.* Harper Collins, New York, 2003.

R.L.Kitchell, »Taste Perception and Discrimination by the Dog,« in: *Advances in Veterinary Science and Comparative Medicine* 22 (1976), S. 287-314.

S.R. Lindsay: *Handbook of Applied Dog Behavior and Training. Vols. 1, Adaptation and Learning und 2, Etiology and Assessment of Behavior Problems* (Iowa State University Press, Ames, 2000).

P.B. McConnell, »Lessons from Animal Trainers: The Effect of Acoustic Structure on an Animal`s Response,« in: *Perspective in Ethology,* Hrsg. P. Bateson und P.Kloffer, Plenum, New York, 1990.

M. McCulloch, T. Jezierski, M. Broffman, A. Hubbard, K. Turner und T. Janecki, »Diagnostic Accuracy of Canine Scent Detection in Early- and Late-Stage Lung and Breast Cancers,« in: *Integrative Cancer Therapies* 5 (2006), S. 30-39.

T.E. McGill, »Amputation of Vibrissae in Show Dogs,« in: *Animal Problems* 1 (1980), S. 359-61.

L.D. Mech: *The Wolf. The Ecology and Behavior of an Endangered Species.* University of Minnesota Press, Minneapolis, 1981.

P.E. Miller und C.J. Murphy, »Vision in Dogs,« in: *Journal of the American Veterinary Medical Association* 207 (1995), S. 1623-34.

C.J. Murphy, K. Zadnik und M.J. Mannis, »Myopiand Refractive Error in Dogs,« in: *Investigative Ophtalmology & Visual Science* 33 (1992), S. 2459-63.

J. Neitz, T. Geist und G.S. Jacobs, »Color Vision in the Dog,« in: *Visual Neuroscience* 3(1989), S. 119-25.

J. Newby: *The Animal Attraction: Humans and Their Animal Companions.* ABC BookSydney, 1999.

J.S. Odendaal, »Animal-Assisted Therapy – Magic or Medicine?«, in: *Journal of Psychosomatic Research* 49 (2000), S. 275-80.

K.L. Overall, »Natural Animal Models of Human Psychiatric Conditions: Assessment of Mechanism and Validity,« in: *Progress in Neuro-Psychopharmacology & Biological Psychiatry* 24 (2000), S. 727-76.

J. Page: *Dogs. A Natural History.* Smithsonian Books, New York, 2007.

P.Pongrácz, A. Miklósi, E. Kubinyi, J. Topál und V. Csányi, »Interaction between Individual Experience and Social Learning in Dogs,« in: *Animal Behavior* 65 (2003), S. 595-603.

K.M. Rogers: *First Friend*. St. Martin's Press, New York, 2005.

J.J. Sacks, L. Sinclair, J. Gilchrist, G.C. Golab und R. Lockwood, »Breeds of Dogs Involved in Fatal Human Attacks in the United States between 1979 and 1998,« in: *Journal of the American Veterinary Medical Association* 217 (2000): S. 836-40.

J.P. Scott und J.L. Fuller: *Genetics and the Social Behavior of the Dog*. University of Chicago Press, Chicago, 1965.

C. Short und A.V. Poznak: *Animal Pain*. Strawson, New York, 1992.

K. Svartberg und B. Forkman, »Personality Traits in the Domestic Dogs (Canis familiaris),« in: *Applied Animal Behavior Science* 79 (2002), S.133-55.

L. Watson: *Jacobson's Organ and the Remarkable Nature of Smell*. Norton, New York, 2000.

R. West und R.J. Young, »Do Domestic Dogs Show Any Evidence of Being Able to Count?« in. *Animal Cognition* 5 (2002), S.183-86.

C.M.Willis, S.M. Church, C.M. Guest. W.A. Cook, N. McCarthy, A.J. Bransbury, M.R. Church und J.C. Church, »Olfactory Detection of Human Bladder Cancer by Dogs: Proof of Principle Study,« in: *British Medical Journal* 329 (2004), S. 712.

R. Wiseman, M. Smith und J. Milton, »Can Animals Detect When Their Owners are Returning Home?An Experimental Test of the 'Psychic Pet' Phenomenon«, in: *British Journal of Psychology* 89 (1998), S. 453-62.

T.D. Wyatt: *Pheromones and Animal Behavior: Communication by Smell and Taste*. Cambridge University Press, New York, 2003.

Index

N

O

P

R

S

T

U

V

W

Z

John Bradshaw

Hundeverstand

Hunde sind seit Zehntausenden von Jahren unsere engsten Begleiter. Und obwohl wir noch nie so viel Geld für sie ausgegeben haben wie heute, fehlt es doch häufig am grundlegenden Verständnis für ihre Bedürfnisse.

Höchste Zeit, dass jemand einmal ganz eindeutig die Partei der Hunde ergreift. Nicht die der Karikatur vom Wolf im Hundepelz, der seinen Besitzer bei erstbester Gelegenheit dominieren möchte, und auch nicht die des Modeaccessoires oder Showtieres, das Schleifen und Pokale für seinen Besitzer sammelt, sondern die des wahren Hundes, der ganz einfach Teil der Familie sein möchte.

Biologen wissen heute weit mehr darüber, wie Hunde wirklich »ticken«, als noch vor zwanzig Jahren, und John Bradshaw war an dieser Forschung maßgeblich beteiligt. Mit diesem Buch möchte er die neuen und zum Teil erstaunlichen wissenschaftlichen Erkenntnisse dem Hundehalter nahebringen und damit für ein besseres Verständnis unseres besten Freundes werben.

Hochwertiger Einband, 320 Seiten

ISBN: 978-3-942335-80-5 **19,95 €**

Patricia B. McConnell

Trafen sich zwei

Betrachtungen über Menschen und Hunde

Haben Sie sich je gefragt,was Ihr Hund denkt,wenn er sich in etwas furchtbar Stinkendem wälzt? Ob er so ähnliche Gefühle empfindet wie Sie selbst und wie das Leben aus seiner Sicht wohl aussehen mag? Lassen Sie sich von Bestsellerautorin Patricia McConnell in einer Reihe einzelner Betrachtungen, die ursprünglich als Kolumnen in der amerikanischen Hundezeitschrift *The Bark* erschienen sind, auf eine fulminante Gedankenreise in das gemeinsame Universum zweier Spezies entführen, die sich so nah und so fremd zugleich sind wie sonst keine anderen Lebewesen auf der Welt.

„*In Trafen sich zwei* zeichnet McConnell uns ein durchdachtes und leuchtendes Bild davon, wie die Leben von Mensch und Hund sich miteinander verwoben haben. Einige dieser Essays werden Sie zum Lachen bringen, andere vielleicht zum Weinen, aber sie alle werden bewirken, dass Sie die Beziehung zu Ihrem Hund genauer überdenken werden."

Stanley Coren, Autor

Hochwertiger Einband, 232 Seiten

ISBN: 978-3-938071-75-5 **16,90 €**